走进“你知道吗”

（第五册）

蒋守成　陆卫英　主编

江蘇鳳凰教育出版社
Phoenix Education Publishing, Ltd

图书在版编目(CIP)数据

走进"你知道吗"(第五册)/蒋守成,陆卫英主编. --南京：江苏凤凰教育出版社，2016.10(2020.9重印)
ISBN 978-7-5499-6103-0

Ⅰ.①走… Ⅱ.①蒋… ②陆… Ⅲ.①数学-少儿读物 Ⅳ.①O1-49

中国版本图书馆CIP数据核字(2016)第248652号

书　　名	走进"你知道吗"(第五册)
主　　编	蒋守成　陆卫英
编写人员	杨　晔　傅广辉　钱　程　谢桂荣　朱　霞 姚　京　杨雪青　赵丽娟　徐　叶
责任编辑	朱凌燕
装帧设计	许　畅　周　艳
出版发行	凤凰出版传媒股份有限公司 江苏凤凰教育出版社(南京市湖南路1号凤凰广场A楼　邮编210009)
苏教网址	http://www.1088.com.cn
新浪微博	http://e.weibo.com/jsfhjy
照　　排	南京书梦圆图文制作部
印　　刷	济南市莱芜凤城印务有限公司
厂　　址	山东省济南市莱芜区高庄街道办事处任家庄村
开　　本	889毫米×1194毫米　1/20
印　　张	5
版　　次	2016年11月第1版　2020年9月第2次印刷
书　　号	ISBN 978-7-5499-6103-0
定　　价	29.00元
邮购电话	025-83658689,025-83658688

苏教版图书若有印装错误可向承印厂调换

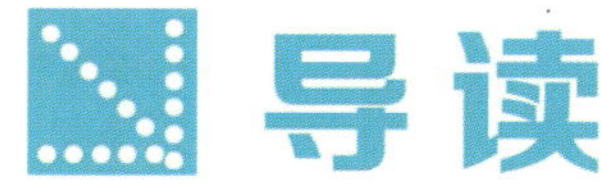

导读

你知道三角板为什么会长成这个模样吗?

你知道A4纸的大小为什么要这样规定吗?

你知道丹顶鹤迁徙时为什么要排成110°人字形吗?

你知道“哥德巴赫猜想”“四色原理”“圆周率”“黄金比”的来由吗?

你知道数学符号、数学规定演变的历史吗?

……

本书,就是从数学课本的《你知道吗》栏目出发,带你发现生活中的数学密码,带你探求数学的来龙去脉,带你理解数学的古往今来,带你迈向数学的广阔天地。

本书中的每个“你知道吗”,都涵盖以下三个板块的内容:

秘密大放送:对《你知道吗》栏目进行“大起底”,揭开你不知道的数学秘密。

阅读十分钟:对《你知道吗》栏目进行“解压缩”,解读你不知道的数学故事。

美妙数学园:对《你知道吗》栏目进行“再创造”,领略你不知道的数学滋味。

本书在手,让你眼界更开阔:一道名题、一个规定,本身就是一个传奇;一种现象、一个故事,背后就是一个奥秘;一句白话、一首小诗,其中就是一个原理……

本书在手,助你学习更轻松:听一听,看一看,品一品,做一做,想一想,原来,数学真的很神奇,数学真的很美妙,数学真的很好玩!

目录

01 你知道古人是怎样区分正数和负数的吗？
07 你知道三角形面积计算的其他方法吗？
13 你知道有哪些土地面积单位？
19 你知道小数世界的奥秘吗？
24 你知道怎样用计算机制作统计图吗？
34 你知道伟大的数学家韦达吗？
38 你知道方程的发展历史吗？
42 你知道什么是完美数吗？
46 你知道如何用短除法来解决问题吗？
52 你知道什么是“数学皇冠上的明珠”吗？
61 你知道怎样用数学符号来表示最大公因数和最小公倍数吗？
67 你知道“中国剩余定理”吗？
73 你知道同一种球的弹性取决于什么吗？
78 你知道生活中的圆吗？
83 你知道圆周率的历史吗？
89 你知道什么是“前伸数”吗？

你知道古人是怎样区分正数和负数的吗?

现在我们一般用“+”表示正数，用“－”表示负数，可是在古时候，人们是怎样区分正数和负数的呢?

苏教版小学数学五年级上册第4页“你知道吗”告诉我们：

你知道吗

中国是最早认识和使用负数的国家。据古代数学名著《九章算术》记载，早在2000多年前我国古人就有了“粮食入仓为正，出仓为负；收入的钱为正，支出的钱为负”的思想。

1700多年前，我国数学家刘徽首次明确地提出了正数和负数的概念。他还规定筹算时“正算赤，负算黑”，就是用红色算筹表示正数，黑色算筹表示负数。这个记载，比国外早了七八百年。

刘徽

400 多年前，法国数学家吉拉尔首次用“+”表示正数，用“-”表示负数。这种表示方法被广泛接受，并沿用至今。

从这段文字中，我们可以简单地了解到我们古代数学家是怎样理解和使用负数的，也可以进一步感受到中国古代文明的源远流长以及中国对世界文明的重要贡献。限于篇幅，教材只能对负数的发展历史作粗略地阐述。其实，负数的产生与发展经历了一个漫长而曲折的过程。

负数在东方的发展

我国是世界上首先发现和认知负数的国家，负数的概念及运算法则（到了中学会进一步学习负数运算的相关知识），最早出现在我国东汉时期的《九章算术》方程章中。南宋数学家李冶认为用笔记录时发现换色并不方便，便在《测圆海镜》中用斜画一杠表示负数，例如“-32”可表示为“≡≠”。此外，在古算中曾用过很多文字，如不足、出、卖、付、弱，来表示负数。

我国是从清末开始采用正号“+”、负号“-”的。1893年，由苏州博习书院的美国

传教士潘慎文翻译，谢洪赉执笔共同完成的《代形合参》一书中，作者用“-天”来表示“$-x$”，与现在记法相同。

负数在西方的发展

最初，很多西方人完全不能接受负数。比如，意大利数学家卡尔达诺认为负数是“假数”，只有正数才是“真数”，他没有用单独的负数表示法，而是借用减号，如用“m:15”表示-15，其中“m:”就是当时的减号。法国数学家韦达和笛卡尔也不承认负数，他们把负数叫作“不合理的数”。直到18世纪，英国教会仍对负数提出异议，他们认为比零小的数是荒谬的，所以完全不承认负数。

当然，欧洲数学家也并不是都反对负数。1572年，意大利数学家邦别利在《代数学》一书中正式给出负数的明确定义。17世纪，荷兰数学家吉拉尔在《代数新发现》中解释了负数的几何意义，并且第一个提出用减号“-”表示负数。从此，负数符号“-”逐渐得到世人的认识，并沿用至今。

东西文化背景下负数的对比和分析

东方几千年的文化传统使古代数学家一致认为，数学只是一种广泛应用于解决生产生活中实际问题的实用工具。东方与西方负数发展历史的相同之处，在于他们引入负数都是为了解决实际生活中遇到的“损失”“欠债”等问题。印度受到我国的影响，在处理实际生活问题时增进了对负数的认知，他们对负数的应用也比较早。

相比之下，西方对于负数的认知来源于古希腊数学，古希腊人认为数学具有理性与真理的特性，不允许用“高尚”的数学与实际生活中“损失”“欠债”这样的“小问题”相类比。由于古希腊数学主要研究几何问题，赋予数学的是几何内容理性层面的构造，所以，负数长时间不被人们所接受。受其影响，西方学者对负数的认知也脱离了实际生活，几乎没有实际应用负数的机会，致使对负数没有直观的认知，进而对负数产生了怀疑和排斥。所以，西方对负数的认知要比东方国家晚得多。

但遗憾的是，我国古人已接近了发明负数的边缘，却又在关键时刻停滞不前，失去了为人类创造负数的一次机会。事实上，虽然东方的数学家们对负数的认知很早，但也仅限于对负数四则运算的运用，并没有真正弄清楚负数在数学中的含义，没有对其进行更深入的研究。相比较而言，西方数学家虽然对负数的认知较晚，但一直没有放弃对负数的钻研，对负数相关理论的研究成果甚于东方。

负数在东西方不同的发展历史，体现了两种文化系统下不同的数学价值取向，并不能单纯以对错或好坏来评价，这是不同的民族文化给予数学的贡献。从东方对负数的认知和使用，到西方对负数认识的完善，再到东方对负数理论的接受和吸纳，无不证明了东西方虽具有不同的思维方式，但都对负数的发展乃至数学的发展做出了极大贡献。

负数的由来

在数字王国中，以前是没有负数的。

有一天，0正瞪大眼睛在思索，数字王国中没有最大的却有最小的——那就是我，唉，为什么偏偏我是最小的呢？想了半天，他终于有了一个好主意。

第二天，0把加、减、乘、除请到家里。0脸上堆满了笑："四位大哥，你们是我们这儿的霸王，权利极大，没有人不怕你们，肯定能帮我提高地位。但不知大哥们是否肯帮我？"他们四个左顾右盼，异口同声地说："我们可是很忙的，不要没事有事就找我们。"0一看第一套方案失败，便实施第二套方案——激将法。他说："在胡同口，我听到有人在说你们的坏话，他们说加号大哥虽然是你们之中的老大，但还不如乘号大哥厉害呢。乘号大哥虽然比加号大哥稍微强了那么一点点，但没有乘法口诀这个帮手，还不是个废物？减号大哥只会帮倒忙，减少他们的数值，说你是故意的。除号大哥也一样。"这招奏效了。几个兄弟勃然大怒，说："你这口气，大哥帮你出定了。"

不一会儿，他们几个气势汹汹地来到大街，大声嚷道："哪个小子说我们坏话的？给我站出来。"话音未落，数字们就全跑了。数字们想：他们准是来找茬的。这时，一个数字却站了出来说："你们敢跟我比吗？"加号听后说："还挺勇敢的呢。那我和你比试比试。"以往他们找茬时，在街上随便抓一个数字加起来都比原来的大。可他们现在只有0这个帮手。0无论跟哪个数相加还是原来的数。加号和那个数只打成了平手。加号没占到上风,乘号跟着上。可0和哪个数相乘等于0,乘号败下阵来。要知道,平常加号、乘号上了就OK了。可现在……除号、减号平时也没什么本领,想就此罢了。这时,0站了出来:“你有本事就把我0放在前面和减号比。”数字说:“行。不过要是再胜了,你们就不允许来烦村民了。”数字心想:“行,你们输定了。”可谁知,这样竟得出了一个比0还小的数,那就是负数。

于是数字王国中又多了一名成员,0的阴谋也得逞了。0现在虽然不是最小的数,但他变得十分孤单,因为他既不是负数也不是正数。

真是:好人有好报,坏人也有坏报。

你知道三角形面积计算的其他方法吗?

现在,我们求三角形的面积通常都是用底乘高再除以2来计算的——就是通过平行四边形计算的公式探索出了三角形面积的计算公式。这里,我们运用了转化的策略,那么,古代人是怎么计算三角形的面积的吗?他们又是怎样推导出三角形面积公式的呢?

苏教版小学数学五年级上册第10页“你知道吗”告诉我们:

你知道吗

我国古代数学名著《九章算术》中记载了一些常见图形的面积计算方法。如三角形面积的计算方法是“半广以乘正从”(“广”指三角形的底,“从”指三角形的高),也就是用三角形底的一半乘三角形的高。著名数学家刘徽在注文中还用“以盈补虚”的方法(如右图)加以说明。

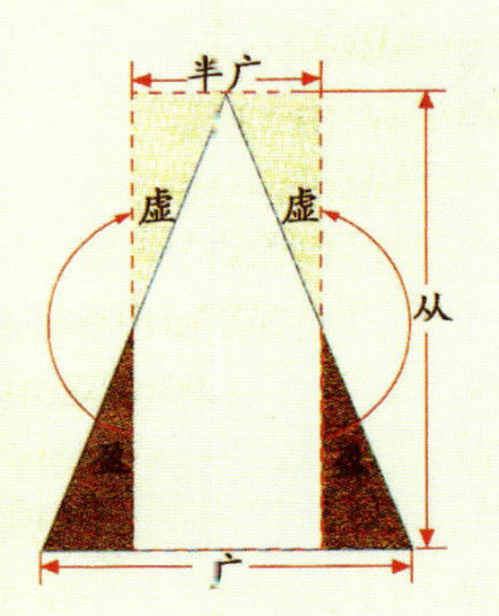

转化是一种非常重要的策略，我们可以把一个平行四边形通过剪、移、拼，变成熟悉的长方形，发现它们的面积相等（如图1）。

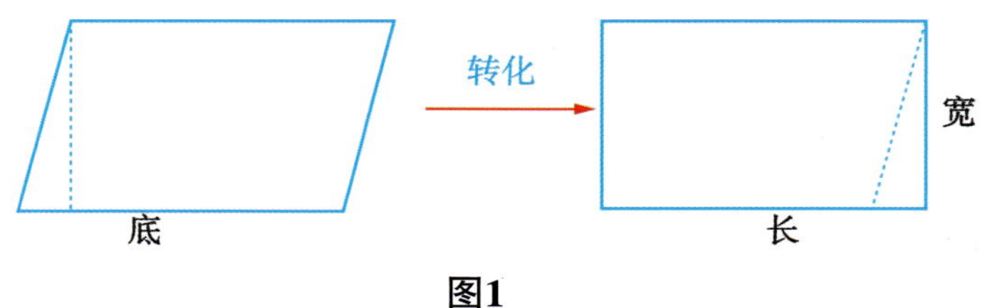

图1

这里的“半广”，就是指从垂直的方向分割，得到两个小三角形（称为“盈”），然后拼到三角形上面“虚”的部分。“盈”和“虚”的部分面积完全相等，所以正好可以拼成长方形，也就是古文中说的“直田”。长方形的长是原来三角形的高（从），长方形的宽就是三角形底的一半（半广），长方形的面积等于三角形的面积，所以“半广以乘正从”就可以求出三角形的面积。

我们可以依照这样的方法找一个三角形动手剪一剪、拼一拼，算一算。咱们这种方法还可以研究其他平面图形的面积吗？

“以盈补虚”运用的是转化的策略。

“以盈补虚”法求面积

刘徽，被称作中国数学史上的牛顿。他的著名的“割补术”（中国数学家吴文俊先生称其为“出入相补原理”，也就是“以盈补虚”）解决了一个又一个的数学难题，给出了各种图形面积公式的证明。

“以盈补虚”是指一个平面图形由一处移至他处，面积不变。若把图形分割成若干块，那么各部分面积的和等于原来图形的面积。因而，图形移动前后各个面积的和、差有简单的相等关系。立体图形也是这样。从刘徽之后，这种证明方式一直是中国古代数学推导图形面积公式的传统方法。

用“以盈补虚”的方法推导三角形的面积公式，还可以不竖着剪，横着剪开拼补也可以（如图2）。最重要的是从这个高的一半的地方剪开，再旋转180度，“以盈补虚”也能拼成一个“直田”（长方形）。而且，这个长方形的宽等于三角形高的一半，长方形的长和三角形的底相等，也可以“半从以乘正广”。

为什么盈刚好能补虚呢？仔细观察，要使盈与虚部分面积相等，那分割的点必须在腰的中点。

同样地，运用“以盈补虚”，可以推导梯形（邪田）的面积公式：如图3，并两邪（“两邪”指梯形上下底之和）而半之，以乘正从（梯形的高），也就是梯形上、下底的和乘高再除以2。

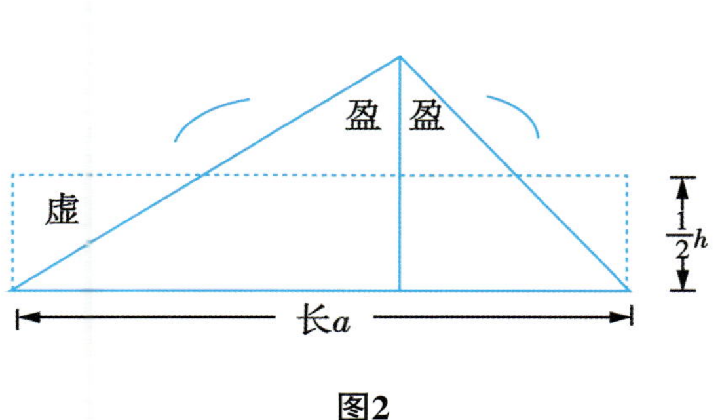

图2

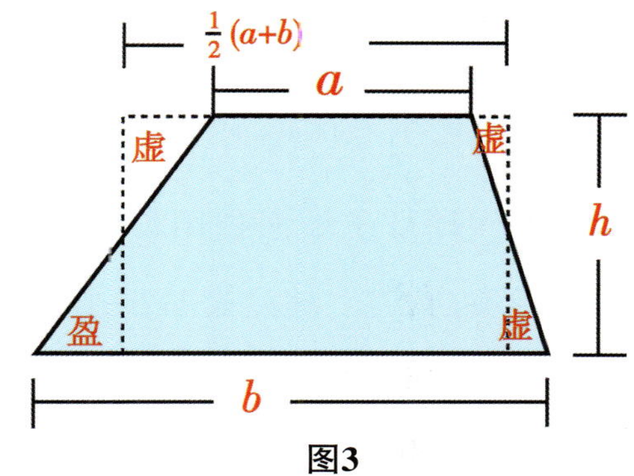

图3

古代求面积的一般方法

中国古代的面积、体积公式主要记载在东汉初成书的《九章算术》中，后世数学家研究面积和体积均以此书为圭臬。根据研究，这本书是周秦以迄东汉初数学知识的总结，因此，所记载的面积、体积公式颇能反映当时的社会需要。其中，面积公式(都记载在该书卷一《方田章》)有：

长方形(直田)：广从步数相乘(得积步)。

梯形(邪田)：并两邪而半之，以乘正从。

一种称作箕田的四边形：并踵舌而半之，以乘正从。

圆形(圆田)：半周半径相乘。

球帽形(宛田)：以径乘周，四而一。

弓形(弧田)：以弦乘矢，矢又自乘，并之，二而一。

环形(环田)：并中外周而半之，以径乘之」(见图二)。

具体实例：

今有圭田广十二步，正从二十一步，问为田几何？答曰：一百二十六步。

古代计算土地面积用长度单位“步”，这道题的意思是：一块等腰三角形的地，底是12步，底边上的高是21步，请问它的面积是多少？用“底×高÷2=面积”进行计算，算出面积正好是126平方步。

巧用“以盈补虚”求面积

巧用“以盈补虚”的方法，能够帮助我们轻松地求出图形的面积哦！请看下面这道题：

一个等腰三角形中，两条与底边平行的线段将三角形的两条腰等分成三段（如图4），已知三角形的底为5厘米，高为6厘米，求图中阴影部分的面积。

要解决这个问题，必须先求出阴影部分面积占整个图形面积的几分之几。阴影部分是一个梯形，我们可以用三种方法来解答。

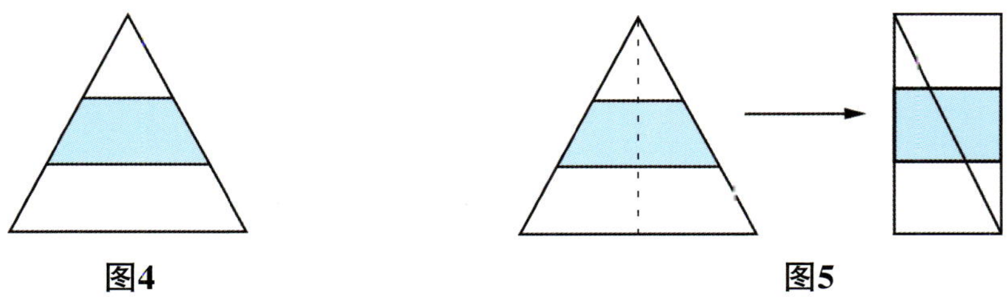

图4　　图5

方法一：割补。

从顶点作底边上的高，得到两个相同的直角三角形，将这两个直角三角形拼成一个长方形（如图5）。显然，阴影部分正好是长方形的三分之一，所以阴影部分占整个图形的三分之一。

方法二：拼补。

将两个这样的完全一样的三角形拼成一个平行四边形（如图6），显然图中阴影部分面积占平行四边形面积的三分之一。根据商不变性质，将阴影部分和平行四边形面积同时除以2，商不变。所以原阴影部分也占整个图形面积的三分之一。

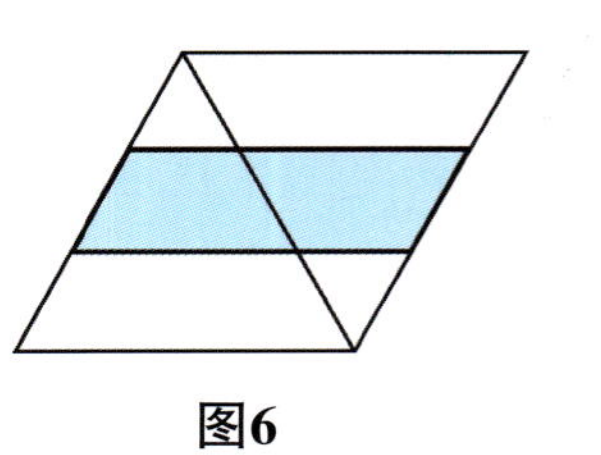
图6

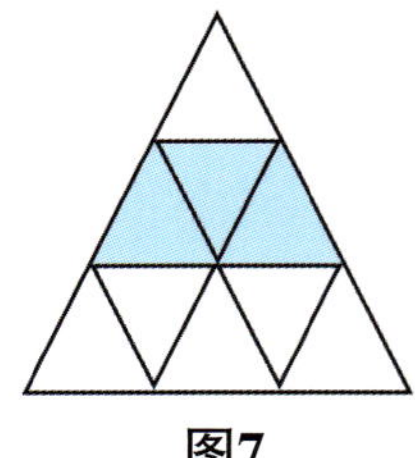
图7

方法三：等分。

将原图等分成9个小三角形（如图7），阴影部分占3个小三角形，所以阴影部分面积是整个图形的三分之一。

所以阴影部分面积为：5×6÷2÷3=5（平方厘米）。

你知道有哪些土地面积单位？

我们常用的土地面积单位有平方米和公顷，较大的土地面积通常用平方千米作单位。你还知道哪些土地面积单位吗？

请看苏教版小学数学五年级上册第24页“你知道吗”：

你知道吗

在我国的一些农村地区，还习惯使用“亩”和“分”作土地面积单位，1 亩 = 10 分。亩与我们所认识的面积单位的关系是：1 公顷 = 15 亩，1 亩 ≈ 667 平方米。

从古至今，我国土地的计量单位有很多种。目前常用的有市制和公制两种。所谓“市制”，就是亩和分；所谓“公制”，就是平方米、公顷、平方千米。新中国成立以后，大力推行公制计量体系，度量衡都要求使用公制。但考虑到民间习惯，市制单位“亩”还在使用，如“汶川地震致50多万亩农作物受灾”。

我国传统的土地面积单位

长久以来，我国劳动人民通常用“亩”（“市亩”的简称）作为土地面积单位。“亩”字起源于夏、商两代的井田制度所实施的井田模型（那时的道路和渠道纵横交错，把土地分隔成方块，形状像“井”字，因此称作“井田”，如图8）。井田制以宽一步、长一百步的长方形面积为一亩。100亩的田，就是把100个一亩并列在一起，正好宽100步、长100步，成为一个正方形。100亩为一井。

井田

私田	私田	私田
私田	公田	私田
私田	私田	私田

图8

不过，在不同的时期，一亩表示的大小是不同的。因为过去丈量土地用“步’，历代一步的尺数不一。例如，周代规定六尺（一尺约合23.1厘米）为一步，宽一步、长一百步的长方形面积为一亩；秦国商鞅变法时，规定五尺为一步，宽一步，长二百四十步的长方形面积为一亩，但只实行于秦国；到了汉武帝时代，统一规定宽一步、长二百四十步的长方形的面积为一亩。课文中的“一亩见方”，是模糊地指边长约为二百四十步的一块正方形的地方，大约670平方米。

1929年民国政府颁布的《度量衡法》规定，长度单位：1里=150丈，1丈=10尺，1步=5尺。但民间丈量土地时还是用“步规”，山东有的地方则用“叉尺”（形状如图9），

有的地方也称之为“五尺杆子”。它的两脚之间的距离是固定的，为五尺，也就是一步。使用的时候两脚轮流着地，转动起来很快。

图9

民间有谚语云：“长16步（叉尺），宽15步（叉尺），不多不少正一亩。”这是因为一亩等于二百四十平方步的缘故。

现在我们规定：1亩=60平方丈（古代的进位多以“60”为一个单位进位）。1平方丈=100平方尺，所以，1亩=6000平方尺。基本换算：1公顷=10000平方米=15亩。一亩折合666.67平方米。

如何把平方米转化成亩呢？只要记住一句话：加半向左移三位。即：1平方米=0.0015亩，意思是：在平方米化为亩时，将平方米的数加上一半再将小数点向左移三位就行了。例如：3平方米加上它的一半得4.5平方米，再将小数点向左移三位得0.0045亩。又因为1亩=10分，所以1分折合66.67（平方米）。

“亩”是具有中国特色的土地面积单位，换算成平方米后是小数，计算很麻烦，而且与国际通用的土地面积单位不一致。为了更好地与世界接轨，1990年，我国拟定了关于改革的土地面积计量单位的方案，废除了“亩”，计量时统一使用平方米、公顷、平方千米作土地面积单位。

需要一提的是，在我国台湾地区，还有两种传统的土地面积单位“甲”“坪”。

甲：1甲为9699平方米，即0.9699公顷。“甲”源于荷兰人统治台湾时的“morgan”，台湾人以台语取其音。在荷兰殖民时期，郑氏王朝和清治时期都采用这一土地面积单位。

坪：源于日本传统计量系统尺贯法的面积单位，主要用于计算房屋、建筑用地之面积。19世纪末日本占领了朝鲜半岛和台湾之后，“坪”这个单位也在这些地方通用，沿用至今。1甲约合2934坪。

后来台湾全面采用公制度量衡，面积单位改为“平方公尺”和“公顷”。但在习惯上，台湾民间一般都使用坪和甲来表示面积，其中“坪”多用于城市、房屋面积，“甲”多用于农地和山坡地。

英制土地面积单位

除了国际上通用的公制计量单位，还有一种源自英国，脱胎于罗马帝国的度量衡单位，是以当时的农业生产作为单位的基准。为了与公制或中国传统单位区别，多在单位前加上“英”字，例如：平方英寸、平方码、英亩、平方英里。现在还正式采用英制单位的国家十分少，如利比里亚和缅甸。美国使用的乃是美式英制单位，跟传统的英制单位有异。在马来西亚，有几个土地面积单位仍被广泛使用：房屋土地买卖仍使用“平方呎”交易，大的土地面积多数用“依格”（acre英亩）来表达。

英制土地面积单位与公制单位换算如下：

1平方英寸=6.4516平方厘米；

1平方码=9平方英尺=0.8361平方米；

1英亩=4840平方码=4046.86平方米；

1平方英里=640英亩=259.0公顷。

在古代不同的历史时期，我们的祖先建立了简单、实用的度量衡制，并制造了各种各样的测量工具和多种多样的表达方式。

就拿土地面积计量单位来说吧，祖先们遗留下来的除了亩以外，其实还有很多更小的土地面积单位，如分和厘，甚至还有毫、丝、忽、尾、末。

下面就古代成语中所蕴含的与面积有关的知识做一介绍。

方圆百里——字面理解为以一个点为中心，以百里为半径做圆的一片空间，通常用来形容很大的一片区域。方圆百里的面积究竟有多大呢？就是以点为圆心、半径为百里的园的面积：1里=500米，百里就是50000米，方圆百里大约有50000^2×3.14=

7850000000（平方米）=7850（平方千米）。相当于广州市的总面积。

良田万顷——简单地说就是有很多田地的意思。古代的1顷为50亩，1亩大约667平方米，所以古代的1顷大约为现在的3.33公顷多，那么古代的万顷大约就是现在的33333.33公顷。

崇墉百雉——形容城墙高大。古代建筑城墙时也有特殊的面积单位，如雉、堵、板等。雉，长三丈、高一丈为一雉。百雉指高一丈、长三百丈。一丈大约是3.3米，三百丈大约是1千米。造这么高大的城墙，是春秋时国君的特权。

尺幅万里——古时布帛宽二尺二寸为一“幅”，后来，“幅”又引申为画面或地面的广狭。这个成语常用来形容画面的画幅虽小，可是容量很大，概括力强，寓意极深。

你知道小数世界的奥秘吗?

小数在我们的生活中随处可见,用处多多。下面让我们一起走进小数的世界,去探索小数的奥秘。

苏教版小学数学五年级上册第72页“你知道吗”告诉我们:

> **你知道吗**
>
> 两个数相除,如果得不到整数商,会有两种情况。
>
> 一种情况是:除到小数部分的某一位时,不再有余数,商里小数部分的位数是有限的。例如,$14 \div 16 = 0.875$。小数部分的位数是有限的小数,叫作有限小数。
>
> 另一种情况是:除到小数部分后,余数依次不断重复出现,商也依次不断重复出现,商里小数部分的位数是无限的。例如,$5 \div 3 = 1.66\cdots$,$14 \div 37 = 0.378378\cdots$,$25 \div 22 = 1.13636\cdots$。小数部分的位数是无限的小数,叫作无限小数。像上面这样,一个小数从小

数部分的某一位起，一个数字或者几个数字依次不断重复出现，这样的小数叫作循环小数。

循环小数的小数部分，依次不断重复出现的数字，叫作这个循环小数的循环节。例如，1.66…、0.378378…和 1.13636…的循环节分别是“6”“378”和“36”。为了书写方便，这几个循环小数分别可以写作 $1.\dot{6}$、$0.\dot{3}7\dot{8}$ 和 $1.1\dot{3}\dot{6}$。

小数是十进制分数的一种特殊表现形式，分母是10、100、1000……的分数可以用小数表示。小数点是一个小数的整数部分和小数部分的分界号，小数点左边的部分是整数部分，小数点右边的部分是小数部分。整数部分是零的小数叫纯小数，整数部分不是零的小数叫带小数。如0.3是纯小数，3.1是带小数。小数分为有限小数和无限小数，有限小数如1/5，无限小数包括无限循环小数和无限不循环小数。

小数的变迁

公元3世纪，也就是1600多年前，我国伟大的数学家刘徽就提出了小数。

最初，人们表示小数只是用文字，直到13世纪，才有人用低一格的表示方法表示小数，如8.23记作“823”，左边的数表示整数部分，右下方的数表示小数部分。

古代,还有人将小数部分的各个数字用圆圈圈起来,例如:1.5记作“1⑤”。这种表示方法后来传到了中亚和欧洲。

1427年,中亚数学家阿尔·卡西又创造了新的小数记法,他是用将整数部分与小数部分分开的方法记小数,如3.14记作“3 14”。

到了16世纪,欧洲人才开始注意到小数的应用。当时他们这样记小数:如3.1415,记作“3◎1①4②1③5④”,◎可以看作整数部分与小数部分的分界标志,圈里的数字表示的是数位的顺序。这种记法很有趣,但是很麻烦。

直到1592年,瑞士数学家布尔基对小数的表示方法作了较大的改进,他用一个小圆圈将整数部分与小数部分分割开,如“5。24”。这个小圆圈实际起到了小数点的作用。

又过了一段时间,德国数学家克拉维斯用小黑点代替了小圆圈,就是我们现在的表示方法。

一个关于小数点的故事

1967年8月23日,苏联“联盟一号”宇宙飞船在返回大气层时,突然发生了恶性事故——减速降落伞无法打开。苏联中央领导研究后,决定向全国实况转播这次事故。当电视台的播音员用沉重的语调宣布,宇宙飞船将在两小时后坠毁,观众将目睹宇航员弗拉迪米·科马洛夫殉难的消息后,举国上下顿时被震撼了,人们都沉浸在巨大的悲痛之中。

在电视上，人们看到了宇航员科马洛夫镇定自若的形象。他面带微笑叮嘱女儿说："你学习时，要认真对待每一个小数点。'联盟一号'今天发生的一切，就是因为地面检查时忽略了一个小数点……"

一个小数点的错误，导致了一场永远无法弥补的悲剧。

小数点大闹整数王国

与整数王国相邻的是小数王国。有一天，小数王国的监狱里警铃大振，一些死囚小数点越狱逃走了。

警官"0.8"急忙跑出去追。眼看着就要追到了，死囚小数点突然逃出了追捕范围——出境到了整数王国。警官"0.8"因为没有抓回死囚而被降职，变成了"0.7"。

这边，小数点们刚进入边境，整数王国的士兵就用枪向它们一阵扫射。可小数点们都灵活地躲开，跳到整数王国士兵的左边，一下子把士兵变成了小数。这下好了，士兵根本就拿不动手里的枪了，瞬间被枪压倒在地，连哼一声也来不及。

小数点们大摇大摆地走进整数大街。街上的整数见了，都像躲避瘟疫一样纷纷逃走。逃得慢的，就被小数点们变成了小数。

这件事轰动了整数王国，整数王国没有一个敢出来逛街了。国王"无限大"急得

要命，与手下商量怎么制服小数点。这时，眼看着小数点们就要进入王宫。

国王“无限大”急忙叫司令“一亿”带着人马去打小数点们。可小数点们在它们脚下蹦来蹦去，一会儿，它们全变成了小数，司令“一亿”也缩小了十亿倍，变成了“0.1”。其他的也变成了比小数点还矮的小数。

国王“无限大”见平时威风凛凛的司令竟败在小数点们的手下，觉得大势已去，只好仰天长叹：“唉，我真是命苦啊！”

国王“无限大”刚想走下宝座投降，却见将军“0”正和小数点们激烈搏斗，不管小数点们怎么弄，也不能把“0”变小。国王“无限大”又打起精神，坐在宝座上观战。

最后，小数点们打得精疲力尽了，也打不过将军“0”。将军“0”把小数点们一一抓起来，押送到小数王国，交给了警官“0.7”。小数王国把这些死囚小数点们全部处死，警官“0.7”也因此升职，变回了“0.8”。整数王国的国王“无限大”很高兴，把将军“0”升为了总司令。

你知道怎样用计算机制作统计图吗?

计算机在我们生活中的使用越来越普遍，我们可以利用它查找资料、阅读信息、存储文件……其实,计算机还能帮我们制作形象直观的统计图呢!

苏教版小学数学五年级上册第 93 页"你知道吗"告诉我们:

你知道吗

生活中我们见到的很多统计图，都是用计算机绘制的。在计算机上绘制统计图不但方便、快捷，而且准确、美观。下面的统计图都是用计算机绘制的，你想试一试吗?

2010 年北京等四个城市年平均气温统计图

2012 年 10 月

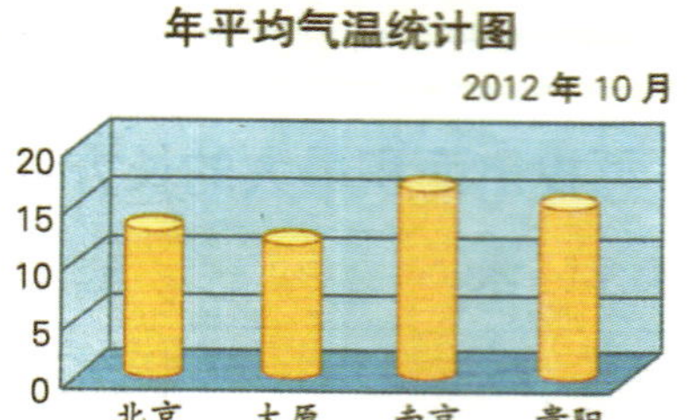

我国城镇居民人均可支配收入和消费性支出情况统计图

2012 年 10 月

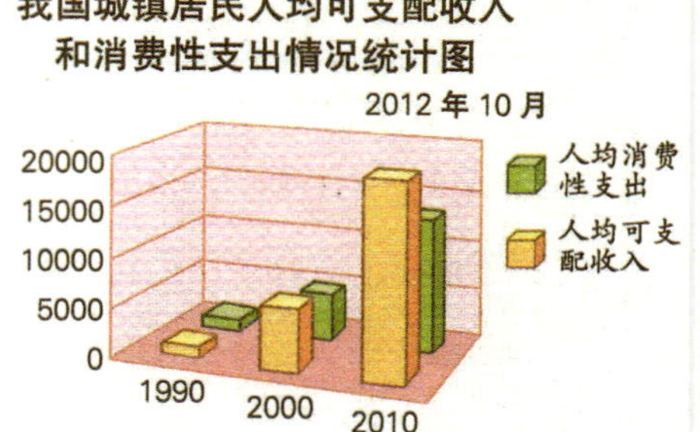

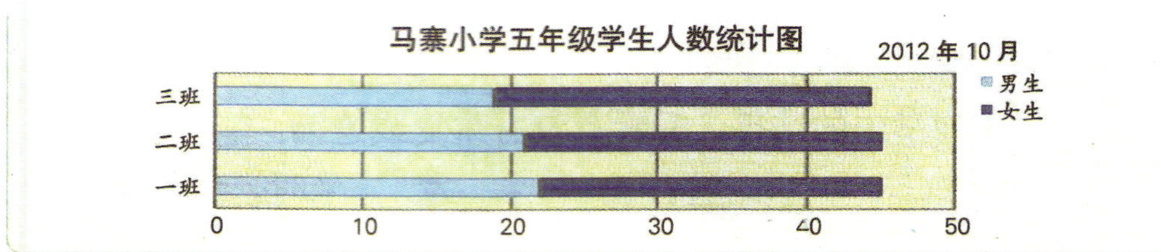

从这段文字中可以看到，计算机快捷地绘制出了准确、美观的统计图，比我们手工制作的丰富很多。

统计图是利用点、线、面、体等绘制成几何图形，以表示各种数量间的关系及其变动情况的工具。它是表现统计数字大小和变动的各种图形总称。

统计图具有直观、形象、生动、具体等特点，可以使复杂的统计数字简单化、通俗化、形象化，使人一目了然，便于理解和比较。因此，统计图在统计资料整理与分析中占有重要地位，在日常生活中应用广泛。

常见统计图的有线状统计图、直条统计图、饼状统计图和散点统计图。

线状统计图

线状统计图是以坐标系中曲线的形状、斜率变化，位置高低等来表现统计资料，可以形象、直观地显示出事物的变化发展趋势。研究对象中不同的各组，可以用不同颜色或线型的线条表示（如图10）。

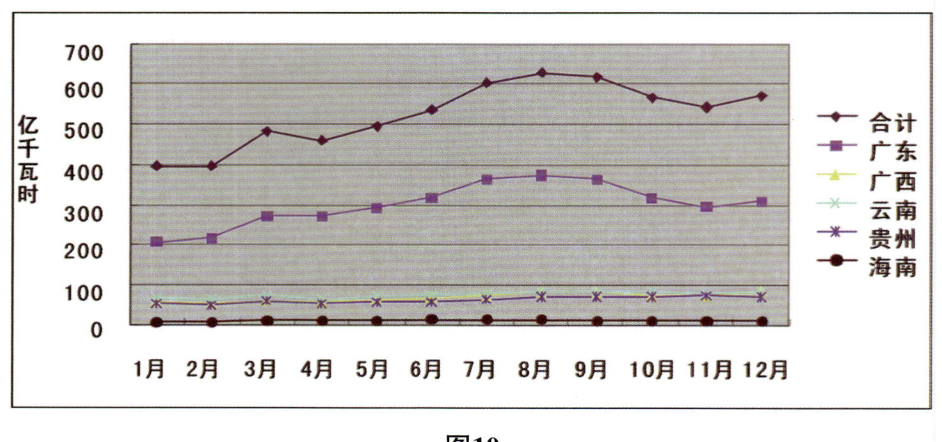

图10

直条统计图

直条统计图是在直角坐标系中，用相同宽度长条的不同长短来表示数量资料的多少。在同一张直条统计图中，可用不同颜色或阴影的条形表示研究对象中不同的各组，直观地进行数量多少对比。如果用柱形代替条形，就得到柱形统计图（如图11），其原理与直条统计图相同。直条统计图中的统计数量刻度比例要合适，并在适当位置作，必要说明，如图例、单位等。

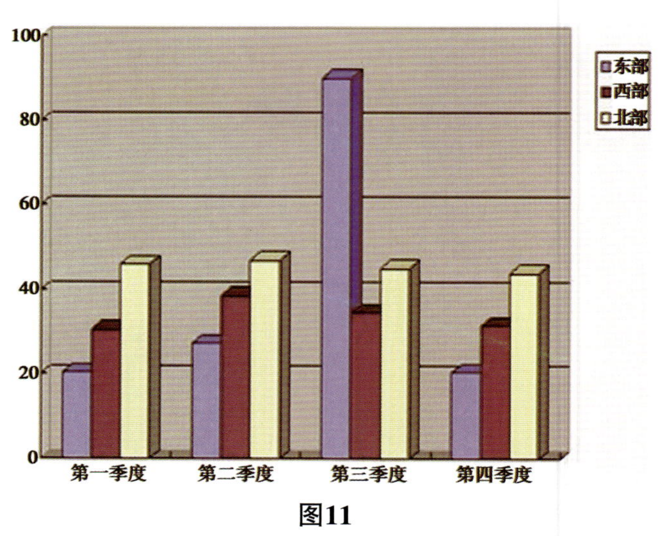

图11

饼状统计图

饼状统计图是以圆形代表研究对象的整体，用以圆心为共同顶点的各个不同扇形来表示各组成部分在整体中所占的比例。饼状统计图中，要注明各扇形所代表的项目的名称及其所占百分比(如图12)。

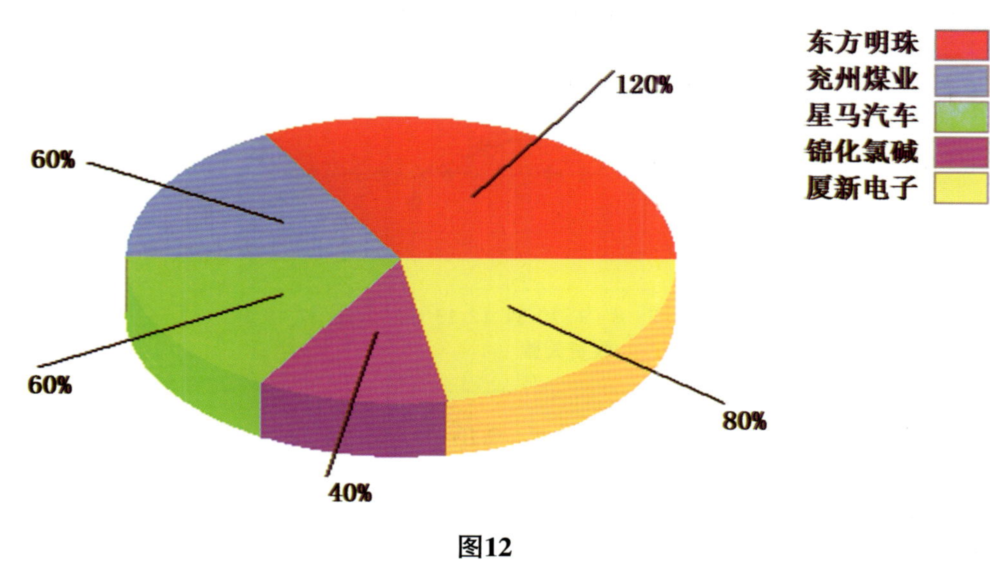

图12

散点统计图

散点统计图是在坐标系中点出各个分析数据的相关位置，从而直观地显示出一组数据的分布情况(如图13)。

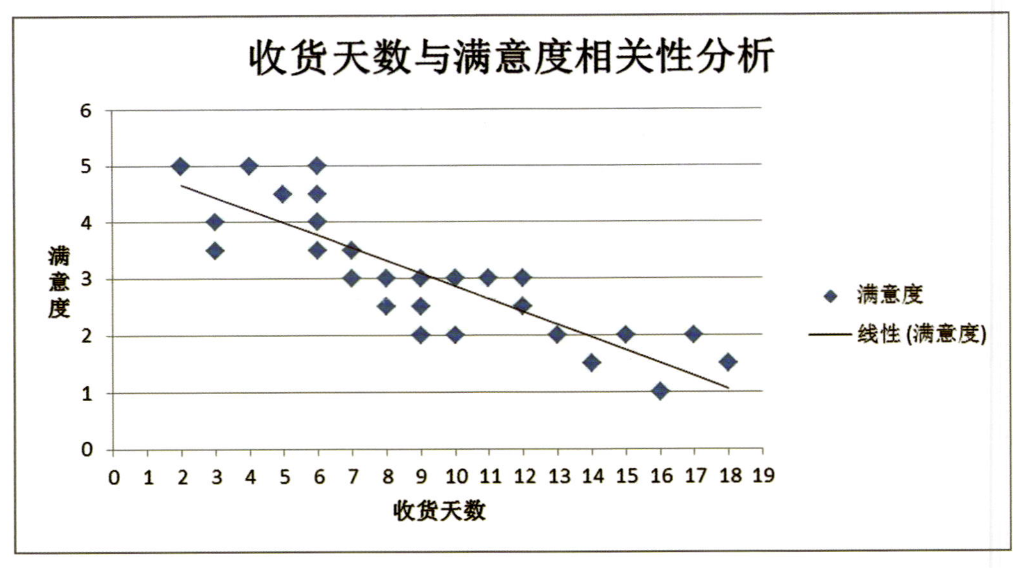

图13

制作一个美丽的统计图

开启电脑后，我们可以在桌面上找到“Excel2003”这样一个软件，它是微软公司设计的一个办公软件。用鼠标左键双击打开它。

制作过程如下：

1. 在工作表中输入统计表。先在工作表中输入文字和数据（如图14），输入完成后，简单地将统计表编辑一下。具体步骤是：先编辑标题栏。用鼠标左键点击A1，然后按住左键不放，拉动鼠标选取编辑对象（如图15），选好后释放鼠标左键，在选中区域点击鼠标右键，在弹出的菜单栏中选择“设置单元格格式”（如图16），单击鼠标左键，这时会跳出一个对话框（如图17），就可以对标题栏进一步地设置了。如选择“对齐”，在“文本对齐方式”下，点击复选框，水平和垂直方向均选择“水平对齐”（如图18）；点击“文本控制”选项，在“合并单元格”前的“□”中

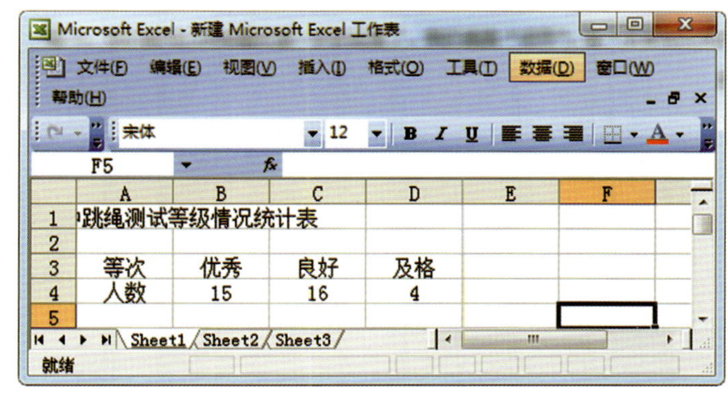

图14

打上钩。最后左键单击右下方"确定"按钮，标题栏就设置完成了。

同样，我们也可以对表格进行编辑，也是先选取编辑对象，然后用上述方法给表格加上边框。

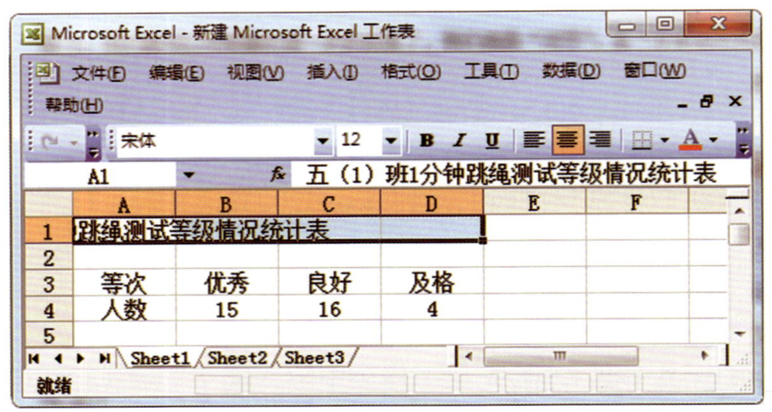

图15

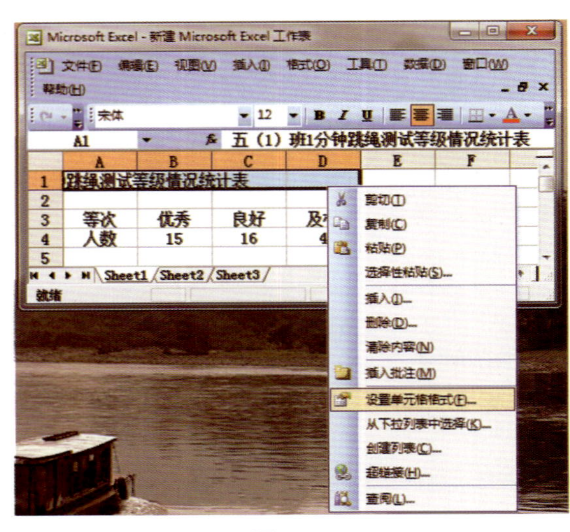

图16

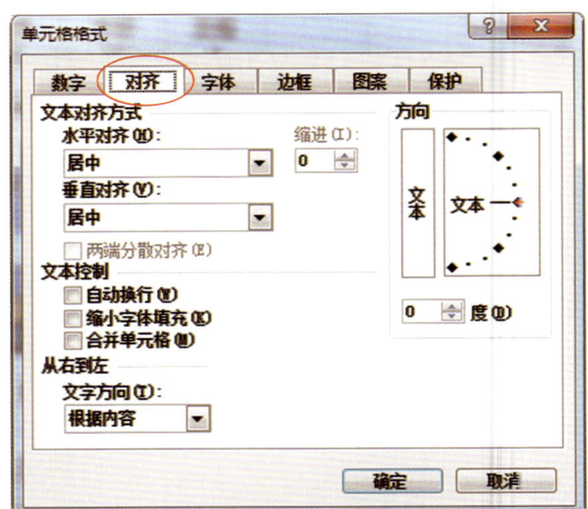

图17

2. 完成表格后，就能开始用计算机绘制统计图了。

（1）用鼠标左键点击要选取对象的左上角单元格，按住左键不放，移动鼠标选中表格。

（2）鼠标左键点击菜单栏中的“插入”命令（如图19），在弹出的菜单中左键单击“图表”，在出现的对话框中根据统计表的类型选择合适的“图表类型”（见图20），选好后左键点击“下一步”，出现图表源数据修改对话

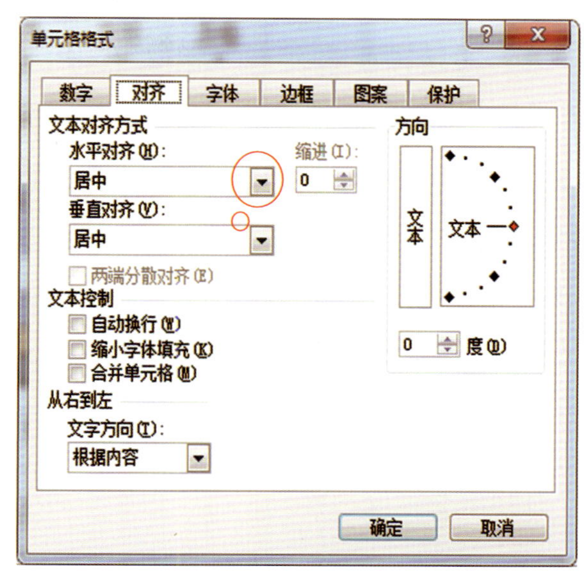

图18

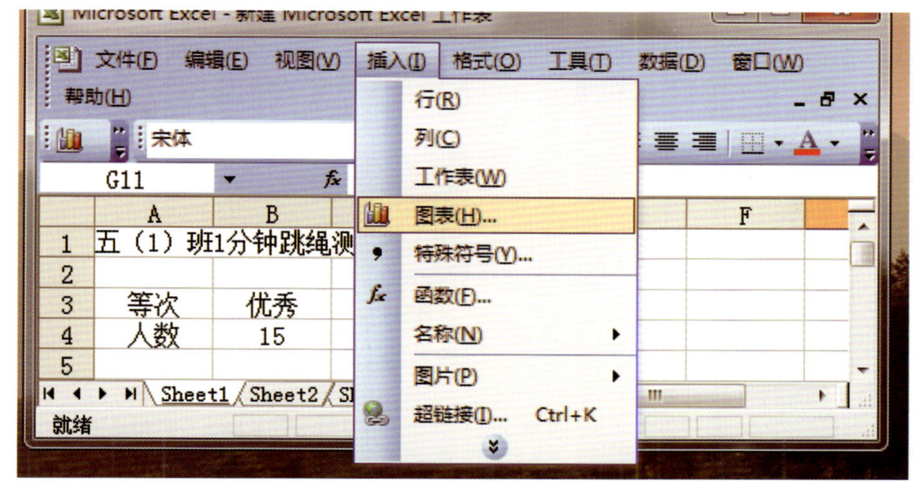

图19

框。因为前面已经选择好统计表，所以这一步一般不需要修改，直接左键点击"下一步"。这时会出现一个"图表选项"对话框，便可以对统计表的标题、横轴和纵轴的标题，图例、数据标志等做出修改和选择（分别如图21、图22、图23）。

（3）完成上面的步骤之后，我们即将迎来激动人心的时刻。此时只需轻轻点击"完成"按钮，一张完美的统计图就呈现在眼前了。

图20

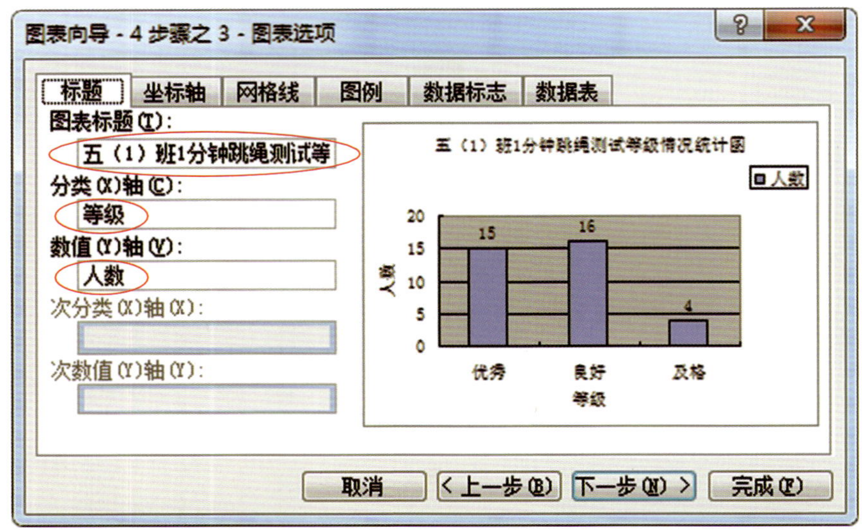

图21

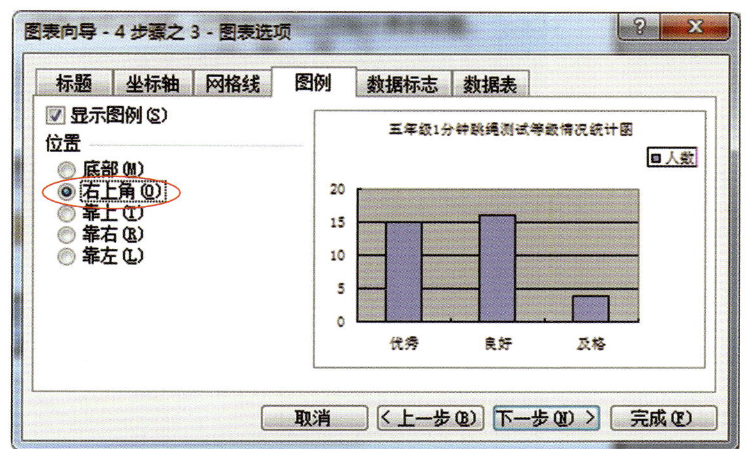

图22

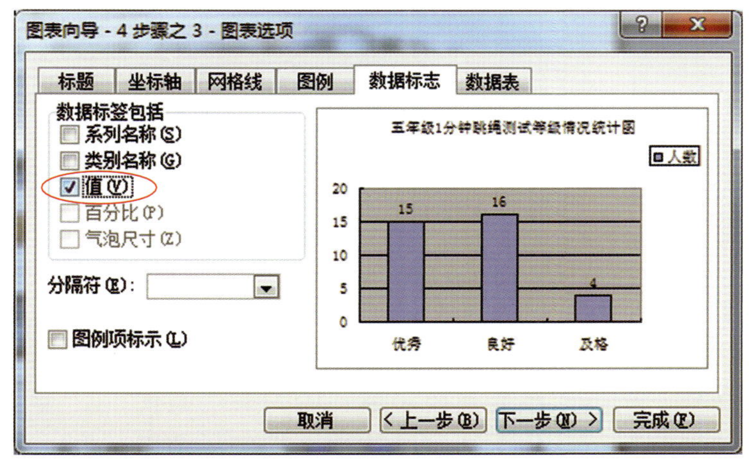

图23

上面所制作的只是一张简单的条形统计图。实践中，我们还会遇到折线统计图、扇形统计图、复式统计图，这些对计算机来说都是小菜一碟，只要你正确地输入统计表，生成统计图就是分分钟的事了，当然，这些都需要多加练习。

你知道伟大的数学家韦达吗?

用字母来表示数、数量关系，可以使我们的数学语言更加简洁。你们知道这伟大的发明是谁创造的吗？

苏教版小学数学五年级上册第100页“你知道吗”告诉我们：

你知道吗

你知道最早有意识地系统使用字母来表示数的人是谁吗？他就是法国数学家韦达。韦达一生致力于数学研究，做出了很多重要贡献，成为那个时代最伟大的数学家。自从韦达系统使用字母表示数以后，引出了大量的数学发现，解决了很多古代的复杂问题。

韦 达

人们认识“用字母表示数”的过程是很漫长的。3800多年前，人们在分配物品时，特定的数是用“堆”来表示的。直到公元3世纪前后，古希腊学者丢番图开始用希

腊字母来表示数和一些运算，成为用字母表示数的先驱。之后，经历了1200多年，16世纪的法国数学家韦达才有意识地系统使用字母来表示数。韦达一生致力于数学研究，做出了很多重要贡献，被尊称为“代数学之父”。

“用字母表示数”，这在今天学过代数的人看来是一件平常的事情。当年，我国清代数学家李善兰（1811~1882）和英国传教士伟烈亚力（A.Wylie，1805~1887）合作翻译的中国第一部符号代数教材《代数术》中所创“代数”一词，正是取“用字母代替数”之义。但是，如果我们追溯代数学的历史，就不能不感到惊讶：用字母表示数的历史竟是如此漫长。美国数学家和数学史家M.克莱因在批判“新数运动”时曾指出：“从古代埃及人和巴比伦人开始直到韦达和笛卡儿之前，没有一个数学家能意识到字母可以用来代表一类数。”

韦达，1540年生于法国普瓦图地区（今旺代省的丰特奈–勒孔特）。他不是专职的数学研究者，早年学习法律，成了一位律师，27岁时担任了法国议会的议员。在政治生涯的间隙和工作余暇，韦达潜心于许多数学家的著作，他从这些数学名家那里获得了使用字母表示数的想法。

《分析方法入门》是韦达最重要的代数著作，也是最早的符号代数专著。书中第1章引用了两种希腊文献，把帕波斯的《数学文集》第7篇和丢番图著作中的解题步骤结合起来，认为代数是一种由已知结果求条件的逻辑分析技巧，并自信希腊数学家已经应用了这种分析术，他只不过是将这种分析方法重新组织起来。韦达不满足于丢番图对每一问题都用特殊解法的思想，试图创立一般的符号代数。他引入字母来表示量，用辅音字母B，C，D等表示已知量，用元音字母A（后来用过N）等表示未知量，并将这种代数称为“类的运算”，以此区别于用来确定数目的“数的运算”。当韦达提出“类的运算”与“数的运算”的区别时，就已规定了代数与算术的分界。这样，代数就成为研究一般的类和方程的学问。这种革新被认为是数学史上的重要进步，为代数学的发展开辟了道路。韦达还写下了《数学典则》（1579年）、《应用于三角形的数学定律》（1579年）等不少数学论著。他的著作，以独特的形式包含了欧洲文艺复兴时期的全部数学内容。只可惜韦达著作的文字比较晦涩难懂，在当时没有得到广泛传播。1603年，韦达在巴黎巴黎逝世，享年63岁。在他逝世后，才由他的朋友安德森汇集整理并编成《韦达文集》，于1646年出版。

在伟大的数学家韦达身上，发生过很多有趣的故事呢！

与罗门的较量

比利时的数学家罗门曾提出一个45次方程的问题，向各国数学家挑战。法国国王便把该问题交给了韦达，韦达当时就得出一解，回家后一鼓作气，很快又得出了22解。答案公布，震惊了数学界。韦达还回敬了罗门一个问题。罗门苦思冥想数日方才解出。他的数学造诣由此可见一斑。

韦达的“魔法”

在法国和西班牙的战争中，法国人对于西班牙的军事动态总是了如指掌，在军事上总能先发制人，因而不到两年功夫就打败了西班牙。可怜西班牙的国王对法国人在战争中的“未卜先知”十分恼火却又无法理解，认为是法国人使用了“魔法”。其实，是韦达利用自己精湛的数学方法，成功地破译了西班牙的军事密码，为他的祖国赢得了战争的主动权。另外，韦达还设计并改进了历法。所有这些，都体现了韦达作为大数学家的深厚功底。

你知道方程的发展历史吗?

方程在解决实际问题时给我们带来了很多的便利。其实在古代,我们的祖先就已经开始运用方程解决数学问题了。

苏教版小学数学五年级下册第10页"你知道吗"告诉我们:

你知道吗

早在3600多年前,古埃及人和巴比伦人已经能用方程解决数学问题。

我国的《九章算术》中也记载了用一组方程解决实际问题的方法。

李冶

700多年前,我国数学家李冶在解决问题的过程中系统地应用并发展了"天元术"。"天元术"是一种用数学符号列方程的方法。"天元"相当于现在的未知数,"立天元一为某某"就相当于现在的用 x 表示实际问题中的未知数。

14 世纪初，我国数学家朱世杰又创立了“四元术”（“四元”指天、地、人、物，相当于 4 个未知数，如 a、b、c、d），这是我国古代数学的一次飞跃。

从这段文字中，我们可以大概地了解到古人列方程解决问题的方法。

方程在中国的发展史

“方程”是我国数学家自己创造出的数学名词，最早出现在《九章算术》中，其中的第九章就是专门以“方程”来命名的。“方”即是方形，“程”即是课程或表达式之意，因为我国古代是用一簇被称为算筹的竹棍排摆的方式来表示计算形式与结果的，其表示式实际上是算筹的摆放形式，所以“方程”就是方形的表达式。不过，我国古代的一些方程问题都没有形成符号体系，主要是用文字叙述，然后将其中的数量用竹棍排成一个方阵，用筹算来进行计算。

对于一些方程的求解方法，《九章算术》中也已出现。数学史研究者还认为，很可能在《九章算术》成书以前我国古代数学家们就已经开始了方程的研究。随后，三国时期的数学家赵爽，汉代末年的刘徽，南北朝时期的祖冲之，唐代的王孝通，北宋的贾宪（发明了“开方作法本源图”，又称“贾宪三角”）、刘益以及南宋时期的数学家秦九昭等，一直致力于方程的研究。继秦九韶等人之后，12~13世纪的中国数学家进一步研究了根据已知条件来列方程的方法，如“天元术”“四元术”等，其中较为突出的代表人物是李冶、朱世杰。1248年，李冶在其著作《测圆海镜》中系统地介绍了“天元术”。‘天元术”的出现，提供了列方程的统一方法，其步骤要比阿拉伯数学家的代数学进步得多。到了宋代，数学家用“天元”来表示未知数，小学阶段学习的方程都属于“一元一次方程”，其中的“元”指的就是未知数。继“天元术”之后，数学家很快把这种方法推广开来，如李德载《两仪群英集臻》提出天、地二元，刘大鉴《乾坤括囊》提出天、地、人三元等，最后又由朱世杰创立了“四元术”。到了明朝，随着明朝商业经济的发展，筹算逐渐被能够满足当时商业算术需要的珠算所取代。当时的数学家程大位提出了在运算过程中用算珠代替算筹来进行排摆的珠算方法。到了清代后期，在西方数学的影响下，汪莱、李锐等数学家对方程理论有了新的研究方向，并取得了新的成就。

方程在西方的发展史

在人类的古老文明中，从河谷文明中的古埃及的纸草书(约三千六百年以前)中可以看到有关方程的研究，其中有些问题是相当于求解形如$x+ax=b$或$x+ax+bx=c$的方程。

希腊文明中，对方程的研究作出贡献的有当时的毕氏学派、欧几里得等，其中贡献最大的应该是丢番图，他提出了用字母来表示未知数和一些运算，而在他之前的古埃及和巴比伦人都是用文字来表述方程的。

在古希腊之后，欧洲中世纪方程的发展几乎处于停滞不前的状态。12~13世纪，意大利的数学家斐波那契研究了方程的解法，并在他的著作《算盘书》中提出了更多解方程的方法。

随后，波洛尼亚大学数学教授菲尔洛，意大利数学家塔塔利亚以及后来的数学家韦达和笛卡尔等，都在方程的解法上取得了重大的突破。

代数学包括方程在内的符号系统化应归功于16世纪的法国数学家韦达。由于韦达符号体系的引入，使当时的代数学发生了重大变革。对韦达所使用的代数符号的改进工作是由笛卡尔完成的，他首先用拉丁字母的前几个($a,b,c,d,\cdots$)表示已知量，用后几个($x,y,z,w,\cdots$)表示未知量，这也成为今天的习惯。这种数学体系的符号化进一步体现了西方数学的抽象特征。

随着研究的不断深入，如今西方的方程已由求方程解的计算过渡到对方程进行讨论、证明的理论阶段，正向着具有更深理论意义的方向发展。

美妙数学园

我国古代历史悠久，数学成就更是十分辉煌，在民间流传着许多趣味数学题，一般都是以朗朗上口的诗歌形式表达出来，如周瑜的年龄：

大江东去浪淘尽，千古风流数人物。
而立之年督东吴，早逝英年两位数。
十比个位正小三，个位六倍与寿符。
哪位学子算得快，多少年华属周瑜？

根据诗句“早逝英年两位数”，得知周瑜的年龄是两位数，“十比个位正小三”，即个位数字比十位数字大3；若设十位数字为x，则个位数字为($x+3$)，由“个位六倍与寿符”，可列方程$6(x+3)=10x+(x+3)$，解得$x=3$，所以周瑜的年龄为36岁。

你知道什么是完美数吗?

数的世界犹如深邃的海洋，有太多的奇妙值得我们去探究。从因数的角度出发,有一种数被称为“完美数”。

苏教版小学数学五年级下册第34页“你知道吗”告诉我们：

你知道吗

6 的因数有 1，2，3，6，这几个因数之间的关系是：1 + 2 + 3 = 6。像 6 这样的数叫作完全数（也叫作完美数）。

公元前 6 世纪，古希腊的毕达哥拉斯已经知道 6 和 28 是完全数。公元 1 世纪，尼克马修斯发现第 3、4 个完全数是 496、8128。而第 5 个完全数直到 1000 多年后的 15 世纪才被发现。

随着计算机的问世，寻找完全数的工作有了较大进展。目前一共发现的 47 个完全数都是偶数，个位上都是 6 或 8。

毕达哥拉斯是最早研究完美数的人，到目前为止发现的47个完美数全都是偶数。我们不仅要知道怎么判断一个数是不是完美数，还要探索它们的特征，了解它的历史。

怎样的数是完美数呢?

完美数，又称完全数或完备数，即英语中的“perfect number”。是一些特殊的自然数。它所有的真因数(即除了自身以外的因数)的和，恰好等于它本身。如完美数28，它有因数1、2、4、7、14、28，其中1，2，4，7，14是它的真因数，1+2+4+7+14=28。

完美数究竟有哪些?

除了毕达哥拉斯最早发现6和28是完美数，公元1世纪，尼克马修斯发现第3、4个完美数，分别是496和8128。此后，发现完美数的进程十分缓慢，第五个完美数33550336直到1000多年后的15世纪才被发现。

1952年，被发现的完全数总共才有12个。

到了20世纪中叶，随着电子计算机的问世，寻找完美数的工作才取得了较大的进展。目前发现了47个完全数，第47个是一个非常大的数。有趣的是，虽然很少有人知道这个数的最后一个数字是多少，却知道它一定是一个偶数，因为，由欧几里得公式算出的完美数都是偶数，个位上都是6或者8。

完美数有什么令人惊讶的特征呢？

1. 所有的完美数都是偶数，且个位都是6或者8。

瞧，这些完美数：6、28、496、8128、130816、2096128、33550336、8589869056、137438691328、2305843008139952128。观察它们的个位，不是6就是8，很神奇吧！

2. 每个完美数都可以写成从1开始的几个连续自然数的和。

我们以前四个完美数6、28、496、8128为例。

6=1+2+3；

28=1+2+3+4+5+6+7；

496=1+2+3+…+29+30+31；

8128=1+2+3+…+125+126+127。

3. 每个完美数的因数（1除外）的倒数之和等于1。

比如，完美数6的因数有：1、2、3、6。

$\frac{1}{2}+\frac{1}{3}+\frac{1}{6}=1$。

完美数28的因数有：1、2、4、7、14、28。

$\frac{1}{2}+\frac{1}{4}+\frac{1}{7}+\frac{1}{14}+\frac{1}{28}=1$。

完美数496的因数有：1、2、4、8、16、31、62、124、248、496。

$\frac{1}{2}+\frac{1}{4}+\frac{1}{8}+\cdots+\frac{1}{248}+\frac{1}{496}=1$。

这些特征都体现了它的“完美”。

与完美数的特征相类似的，还有亏数和盈数。

一个数的所有真因数之和小于它本身，称该数为“亏数”。比如4，它的真因数有1、2，1+2=3，比4本身小。

一个数的所有真因数之和大于它本身，则称该数为“盈数”。比如12，它的真因数有1、2、3、4、6，1+2+3+4+6=16，比12本身大。

所以，完全数就是既不盈余、也不亏欠的自然数。正因为条件苛刻，笛卡尔曾公开预言：“能找出的完全数是不会多的，好比人类一样，要找一个完美人亦非易事。”

你知道如何用短除法来解决问题吗？

把一个数分解质因数，除了塔形法，还有一个方法，就是短除法。

苏教版小学数学五年级下册第 38 页"你知道吗"告诉我们：

你知道吗

人们经常用短除法来分解质因数。

```
2 | 3 0   ……先除以质数 2
  └────
  3 | 1 5   ……再除以质数 3
    └────
      5     ……除到商是质数为止
```

把每个除数和最后的商写成连乘的形式：$30 = 2 \times 3 \times 5$。

短除法是把一般除法竖式中除的过程加以简化的一种方法。短除式开口向上，被除数写在短除式里，除数写在短除式外左侧。用短除法计算时，除到被除数的哪一位，就把商直接写在被除数的下面，中间不写乘、减的过程。

用短除法分解质因数不仅简洁而且方便。它是按质数的大小顺序去进行试除，同一个质数可以重复，直到最后的结果是质数为止，最后把所有的除数和最后的商写成连乘即可。

用短除法求几个数的最大公因数

最大公因数的定义是：几个数公有的因数，叫作这几个数的公因数；其中最大的一个，叫作这几个数的最大公因数。求几个数的最大公因数方法，可以通过分解质因数，找出几个数公有的质因数，然后把它们连乘起来，最后得出的积就是这几个数的最大公因数。

例如，求12和20的最大公因数：

$$\begin{array}{r|l} 2 & 12 \\ \hline 2 & 6 \\ \hline & 3 \end{array} \qquad \begin{array}{r|l} 2 & 20 \\ \hline 2 & 10 \\ \hline & 5 \end{array}$$

$$12=\boxed{2}\times\boxed{2}\times 3$$

$$20=\boxed{2}\times\boxed{2}\times 5$$

12和20的最大公因数是2×2=4。

我们也可以把短除法进行合并：

$$
\begin{array}{r|ll}
2 & 12 & 20 \\
\hline
2 & 6 & 10 \\
\hline
 & 3 & 5
\end{array}
$$

短除竖式左边是这两个数的公有质因数，竖式下边是这两个数各自独有的质因数。根据两个数的最大公因数一定能整除这两个数，所以，最大公因数就是它们公有的质因数的乘积。

在求三个数的最大公因数时，从最小的质数开始进行筛选，直到没有公有的因数为止，然后把公有的因数相乘即可。

例如，求12、16和48的最大公因数：

$$
\begin{array}{r|lll}
2 & 12 & 16 & 48 \\
\hline
2 & 6 & 8 & 12 \\
\hline
 & 3 & 4 & 6
\end{array}
$$

所以12、16和48的最大公因数是$2\times2=4$。

用短除法求几个数的最小公倍数

最小公倍数的定义是：几个数公有的倍数，叫作这几个数的公倍数；其中最小的一个，叫作这几个数的最小公倍数。求几个数的最小公倍数，也可以通过分解质

因数,先找出几个数公有的质因数,再找出各自独有的质因数,把这些质因数连乘起来,最后得出的积就是这几个数的最小公倍数。

例如,求12和20的最小公倍数:

$$\begin{array}{r|l} 2 & 12 \\ \hline 2 & 6 \\ \hline & 3 \end{array} \qquad \begin{array}{r|l} 2 & 20 \\ \hline 2 & 10 \\ \hline & 5 \end{array}$$

$$12=\boxed{2}\times\boxed{2}\times 3$$
$$20=\boxed{2}\times\boxed{2}\times 5$$

12和20的最小公倍数是2×2×3×5=60。

同样,我们也可以把短除法进行合并:

$$\begin{array}{r|ll} 2 & 12 & 20 \\ \hline 2 & 6 & 10 \\ \hline & 3 & 5 \end{array}$$

短除竖式左边是这两个数的公有质因数,竖式下边是这两个数各自独有的质因数。根据两个数的最小公倍数一定能被这两个数整除,所以,最小公倍数必须包含这两个数里的所有质因数。竖式左边的公有质因数与竖式下边各自独有质因数的连乘积,才是最小公倍数的道理,就在于此。

在求三个数的最小公倍数时,两个数中共同的质因数要筛去。

所以,只要有两个数能被同一质数整除,就应该继续除下去,直到竖式下边的三个数两两互质为止。

例如，求15、30和50的最小公倍数：

```
5 | 15   30   50 ……把重复的质因数5筛去
  ---------------
   2 | 3    6   10 ……把重复的质因数2筛去
     -----------
   3 | 3    3    5 ……把重复的质因数3筛去
     -----------
       1    1    5
```

所以15、30和50的最小公倍数是5×2×3×5=150。

其实，利用短除法可以同时分解质因数、求出几个数的最大公因数和最小公倍数，一步到位。

例如12和20：

```
2 | 12   20
  ---------
   2 | 6   10
     -------
       3    5
```

12和20的最大公因数：2×2=4。

12和20的最小公倍数：2×2×3×5=60。

短除法的来历

把136分解质因数，如果用普通的除法计算，会得到以下三个竖式：

（1）
$$\begin{array}{r} 68 \\ 2\overline{)136} \\ 12 \\ \hline 16 \\ 16 \\ \hline 0 \end{array}$$

（2）
$$\begin{array}{r} 34 \\ 2\overline{)68} \\ 6 \\ \hline 4 \\ 4 \\ \hline 0 \end{array}$$

（3）
$$\begin{array}{r} 17 \\ 2\overline{)34} \\ 2 \\ \hline 14 \\ 14 \\ \hline 0 \end{array}$$

一段时间后，数学家发现，有用的数据是三个“2”和一个“17”，其次是帮助我们计算的68和34。很明显，用一般的除法竖式太麻烦。如果能连续除，省略掉无用的计算过程就好了。智慧就在这个思考过程中萌发了：将除法竖式摞起来呀！于是，短除法的雏形就诞生了：

$$\begin{array}{r} 17 \\ 2\overline{)34} \\ 2\overline{)68} \\ 2\overline{)136} \end{array}$$

这样确实简便多了。可过了不久，有人又提出了新的问题：倒着往上写不符合人们的书写习惯，而且也不够美观，有时写着写着就到头没空了。

“把它倒过来不就行了！”有人提出。

于是，它变成了这个模样：

$$\begin{array}{r|l} 2 & 136 \\ \hline 2 & 68 \\ \hline 2 & 34 \\ \hline & 17 \end{array}$$

我们现在用的短除法就是这样演变来的。

你知道什么是“数学皇冠上的明珠”吗？

人们一般把整数看作最基本的数，其他的数都由整数产生出来。然而专门研究整数的人却不是这样看，他们认为质数才是最基本的数，因为任何大于1的正整数，如果它不是质数，就是若干个质数的积。在对整数的研究中逐渐产生了一个新的数学分支——数论。数论被数学家高斯誉为“数学中的皇冠”。因此，数学家都喜欢把数论中一些悬而未决的疑难问题，叫作“皇冠上的明珠”，以鼓励人们去“摘取”。哥德巴赫提猜想就被誉为“数学皇冠上的明珠”。

苏教版小学数学五年级下册第40页“你知道吗”告诉我们：

你知道吗

200 多年前，德国的数学家哥德巴赫发现每一个大于 4 的偶数都可以表示成两个奇素数之和，例如，6 = 3 + 3，8 = 3 + 5，10 = 5 + 5，12 = 5 + 7。通过举例检验是完全可信的，但他却无法在理论上加以证明。于是，哥德巴赫于 1742 年 6 月 7 日写信给当时世界上最优秀的大数学家欧拉，请他帮助解决这个问题。欧拉回信表示：这个问题我虽然不能证明，但我确信它是正确的。同时，欧拉又补充指出：任何大于2的偶数都是两个素数之和。后来，这两个命题被合称为“哥德巴赫猜想”。

人们通常把数学誉为科学的皇后，而数论（研究自然数性质的数学分支）是数学的皇冠。由于哥德巴赫猜想的证明难度实在太高了，人们把这个猜想比喻为“数学皇冠上的明珠”。在摘取“明珠”的过程中，我国数学家做出了重要的贡献。1958~1962年，王元和潘承洞的研究取得了重大进展。1966年，陈景润更上一层楼，在“哥德巴赫猜想”的研究上取得了更加显著的进展，轰动了国内外数学界。他的研究成果被公认为最具有突破性和创造性，“是当代在哥德巴赫猜想的研究方面最好的成果”。

陈景润

关于哥德巴赫猜想的研究，经历了漫长的过程。

哥德巴赫猜想的起源

哥德巴赫1690年生于德国，从1725年起当选为俄国彼得堡科学院院士。在彼得堡，哥德巴赫结识了大数学家欧拉，后来两人书信交往达30多年。他有一个著名的猜想，就是在和欧拉的通信中提出来的——这成为数学史上一则脍炙人口的佳话。

一次，哥德巴赫研究在一个数论问题时，写出了如下等式：

3+3=6，3+5=8，

3+7=10，5+7=12，

3+11=14，3+13=16，

5+13=18，3+17=20，

5+17=22……

看着这些等式，哥德巴赫忽然发现：等式左边都是两个质数的和，右边都是偶数。于是他猜想：任意两个奇质数的和是偶数。这当然是对的，但可惜这只是一个平凡的命题。

对一般的人，事情也许就到此为止了。但哥德巴赫不同，他特别善于联想，善于换个角度看问题。他运用逆向思维，把等式逆过来写：

6=3+3，8=3+5，

10=3+7，12=5+7，

14=3+11，16=3+13，

18=5=13，20=3+17，

22=5+17……

这说明什么？哥德巴赫自问，然后自答：从左向右看，就是6~22这些偶数，每一个数都能“拆分”成两个奇质数之和。这在一般情况下也成立吗？他又动手继续试验：

24=5+19，26=3+23，

28=5+23，30=7+23，

32=3+29,34=3+31,

36=5+31,38=7+31,

……

一直试到100,都是对的。而且,有的数还不止一种分拆形式,如:

24=5+19=7+17=11+13,

26=3+23=7+19=13+13,

34=3+31=5+29=11+23=17+17,

100=3+97=11+89=17+83=29+71=41+59=47+53。

这么多实例都说明偶数可以分拆成两个奇质数之和(至少可用一种方法)。这更加坚定了他研究下去的信心。于是,他试着找到一个证明,几经努力,但没有成功;他又想找到一个反例,冥思苦想,也没有成功。

1742年6月7日,哥德巴赫提笔给欧拉写了一封信,叙述了他的猜想:

(1)每一个偶数是两个质数之和;

(2)每一个奇数或者是一个质数,或者是三个质数之和。

注意,由于哥德巴赫把"1"也当成质数,所以他认为2=1+1,4=1+3也符合要求。同年6月30日,欧拉在复信中纠正了他的说法,并说:任何大于(或等于)6的偶数都是两个奇质数之和,虽然我还不能证明它,但我确信无疑,它是完全正确的定理。

欧拉是数论大家,这个连他也证明不了的命题,可见其难度之大,自然引起了各国数学家的注意。

哥德巴赫猜想的证明进程

二百多年来，为了摘取哥德巴赫猜想这颗耀眼的明珠，成千上万的数学家付出了艰辛的劳动。

1920年，挪威数学家布朗创造了一种新的"筛法"（"筛法"源于古希腊数学家爱拉托散尼。当时他把一张写着自然数列的羊皮纸贴在一个框上，然后用刀子逐一挖掉2的倍数，3的倍数、5的倍数……从而列出了几个质数。挖去合数的羊皮纸犹如一个筛子，后人就称这种寻找质数的方法为"爱拉托散尼筛法"，简称"筛法"），证明了每一个充分大的偶数都可以表示成两个数的和，而这两个数又分别可以表示为不超过9个质因数的乘积。我们不妨把这个命题简称为"9+9"。

这是一个转折点。沿着布朗开创的路子，1932年有数学家证明了"6+6"。1957年，我国数学家王元证明了"2+3"，这是按布朗方式得到的最好成果。

布朗方式的缺点是两个数都不能确定为质数，于是数学家们又想出了一条新路，即证明"1+C"。1962年，我国数学家潘承洞和另一位苏联数学家，各自独立地证明了"1+5"，使问题推进了一大步。

1966~1973年，我国数学家陈景润经过多年废寝忘食，呕心沥血的研究，终于证明了"1+2"：对于每一个充分大的偶数，一定可以表示成一个质数及一个不超过两个质数的乘积的和。即：

偶数=质数+质数×质数。

你看，陈景润的这个结果，离哥德巴赫猜想的最后结果"1+1"只有一步之遥了！

人们称赞“陈氏定理”是“辉煌的定理”,是运用“筛法”的“光辉顶点”。

有许多数学家认为,要想证明“1+1”,必须通过创造新的数学方法,以往的路很可能都是走不通的。为了实现这最后的一步,也许还要历经一个漫长的探索过程。

质数螺旋

1963年的某一天,美籍波兰数学家斯塔尼斯拉夫·乌拉姆参加了一场很无聊的学术会议,会议期间他在一张草稿纸上用整数画了一幅螺旋图,就像图24这样子。无聊的会议总是又繁琐又冗长,数学家们在画了一个比较庞大的整数螺旋图后,在图上圈起质数来(如图25)。

```
37—36—35—34—33—32—31
|                  |
38  17—16—15—14—13  30
|   |           |   |
39  18   5—4—3  12  29
|   |    |   |  |   |
40  19   6  1—2  11  28
|   |    |      |   |
41  20   7—8—9—10   27
|   |               |
42  21—22—23—24—25—26
|
43—44—45—46—47—48—49…
```

图24

```
(37)—36—35—34—33—32—(31)
 |                    |
 38  (17)—16—15—14—(13)  30
 |    |              |    |
 39   18  (5)—4—(3)  12  (29)
 |    |    |     |   |    |
 40  (19)  6   1—(2) (11)  28
 |    |    |         |    |
(41)  20  (7)—8—9—10      27
 |    |                   |
 42   21—22—(23)—24—25—26
 |
(43)—44—45—46—(47)—48—49…
```

图25

此时，他惊异地发现，整数螺旋图上的质数显出非随机的模式。

会议结束之后，他用黑点代表质数，白点代表非质数，构造出了到数字4万的螺旋图（如图26），图中的斜纹模式很清晰地被看得出来。

这就是质数螺旋被发现的经过，是不是很有趣呢？！其实，很多有趣的数学现象都是在无意间被发现的。

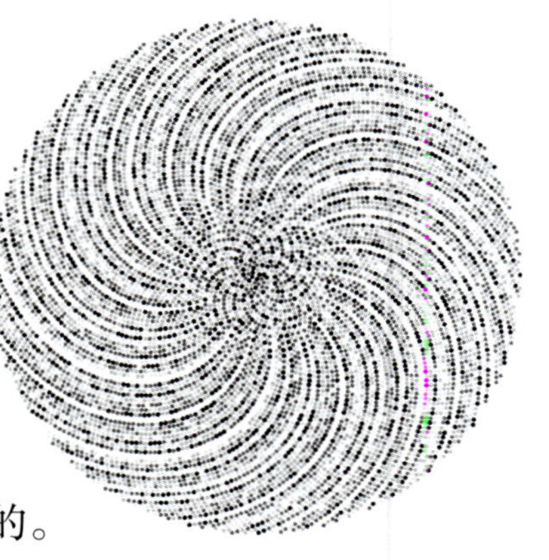

图26

巧记100以内的质数

观察下面的表格（黄色格内为质数），你有什么方法能记住100以内的质数吗？

100以内的质数和合数表

1	2	3	4	5	6	7	8	9	10
11	12	13	14	15	16	17	18	19	20
21	22	23	24	25	26	27	28	29	30
31	32	33	34	35	36	37	38	39	40
41	42	43	44	45	46	47	48	49	50
51	52	53	54	55	56	57	58	59	60
61	62	63	64	65	66	67	68	69	70
71	72	73	74	75	76	77	78	79	80
81	82	83	84	85	86	87	88	89	90
91	92	93	94	95	96	97	98	99	100

我们可以运用一些规律进行记忆。

规律一：看区间质数的个数。

以10个数为一个区间看质数的个数，分别是：4，4，2，2，3，2，2，3，2，1（如图27）。

区间	质数				个数
1-10内	2	3	5	7	4个
11-20内	11	13	17	19	4个
21-30内	23	29			2个
31-40内	31	37			2个
41-50内	41	43	47		3个
51-60内	53	59			2个
61-70内	61	67			2个
71-80内	71	73	79		3个
81-90内	83	89			2个
91-100内	97				1个

图27

规律二：看每个质数的个位数。

100以内的质数的个位数有以下几种：1，2，3，5，7，9，共6种情况（如图28）。

个位数	质数						
是1的	11	31	41	61	71		
是2的	2						
是3的	3	13	23	43	53	73	83
是5的	5						
是7的	7	17	37	47	67	97	
是9的	19	29	59	79	89		

图28

我们还可以通过口诀来记忆。

口诀一：

二、三、五、七和十一
十三后面是十七
十九、二三、二十九
三一、三七、四十一
四三、四七、五十三
五九、六一、六十七
七一、七三、七十九
八三、八九、九十七

口诀二：

二，三，五，七，一十一
一三，一九，一十七
二三，二九，三十七
三一，四一，四十七
四三，五三，五十九
六一，七一，六十七
七三，八三，八十九
再加七九，九十七

你知道怎样用数学符号来表示最大公因数和最小公倍数吗？

两个数的最大公因数和最小公倍数的表示方法，除了用文字，还有一种更方便简洁的表示方法。

苏教版小学数学五年级下册第46页“你知道吗”告诉我们：

你知道吗

两个数的最大公因数可以用“(　　)”表示，最小公倍数可以用“[　　]”表示。12 和 18 的最大公因数是 6，可以表示为 (12，18) = 6；12 和 18 的最小公倍数是 36，可以表示为 [12，18] = 36。

数学追求简洁美,运用小括号"(　　)"和中括号"[　　]"来分别表示最大公因数和最小公倍数,可以简化表达形式。不过,运用时一定要注意,不要混淆哦!

用列举法找两个数的最小公倍数和最大公因数

列举法就是让学生分别将两个数的倍数和因数分别写出，再将最小公倍数和最大公因数找出来。

例如15和10：

15的倍数:15、30、45、60……

10的倍数:10、20、30、40……

所以[15,10]=30。

15的因数:1、3、5、15。

10的因数:1、2、5、10。

所以(15,10)=5。

这种方法虽然易学,但只适用于较小的数,如果碰到较大的数,做起来就有些繁琐、麻烦了。

利用倍数关系找两个数的最小公倍数和最大公因数

这种方法是如果两个数是倍数关系，那么较大的数就是这两个数的最小公倍数，较小的数就是这两个数的最大公因数。为了方便记忆，我们给这个规律起了个名字叫"大倍小因"。

例如：15和5，因为15和5存在倍数关系，所以15就是它们的最小公倍数（大倍），5就是它们的最大公因数（小因）。当然这种方法只适用于这两个数是倍数关系。

利用互质关系找两个数的最小公倍数和最大公因数

当两个数的公因数只有1时，这样的两个数被称为"互质数"。如果两个数是互质数，那么这两个数的乘积就是它们的最小公倍数，而1就是它们的最大公因数。例如4和9，因为4和9是互质数，所以[4，9]=4×9=36，(4，9)=1。当然，这种方法只适用于这两个数是互质数。

如果两个数相差1，那么这两个数肯定是互质数，所以它们的最小公倍数是这两个数的乘积，最大公因数是1，实际上它们也只有公因数1。例如15和16，15和16相差1,那么[15,16]=15×16=240,(15,16)=1。

利用“差2规律”和“偶奇规律”找两个数的最小公倍数和最大公因数

这种方法分为两种情况。

第一种情况是:如果两个数相差2而且这两个数都是偶数,那么它们的最小公倍数是这两个数的乘积再除以2,它们的最大公因数就是2,因为这两个数除以2以后,得到的商又变成了差1的关系了。例如18和20,因为18和20相差2又都是偶数,所以[18,20]=18×20÷2=180,(18,20)=2。

第二种情况是:如果这两个数相差2,而且这两个数都是奇数,那么它们的最小公倍数就是这两个数的乘积,最大公因数就是1并且也只有公因数1。例如15和17,因为15和17相差2,又都是奇数,所以[15,17]=15×17=225,(15,17)=1。

利用分解质因数法找两个数的最小公倍数和最大公因数

分解质因数法是先把两个数(假定都是合数)分解质因数,然后找出它们全部公有的质因数和独有的质因数。这时,把全部公有质因数连乘起来,积就是它们的

最大公因数；把全部公有质因数和独有的质因数连乘起来，积就是它们的最小公倍数。

例如24和36的最大公因数和最小公倍数：

24=2×2×2×3，

36=2×2×3×3。

从这两个式子可以看出：24和36公有的质因数有2、2、3，独有的质因数有2、3。所以，(24，36)=2×2×3=12，[24，36]=2×2×3×2×3=72。

利用短除法找两个数的最小公倍数和最大公因数

这种方法是用这两个数除以它们的公因数，一直除到所得的两个商只有公因数1(即互质数)为止，然后把所有的除数和两个商连乘，得到的积就是这两个数的最小公倍数，把所有的除数连乘，得到的积就是这两个数的最大公因数。

例如20和16：

$$\begin{array}{r|rr} 2 & 20 & 16 \\ \hline 2 & 10 & 8 \\ \hline & 5 & 4 \end{array}$$

所以[20，16]=2×2×5×4=80，(20，16)=2×2=4。

中国古代求最大公因数的方法——更相减损术

更相减损术出自《九章算术》,是一种求最大公因数的算法,它原本是为约分而设计的,但它适用于任何需要求最大公因数的场合。它的方法被归纳为:可半者半之,不可半者,副置分子分母之数,以少减多,更相减损,求其等也,以等数约之。翻译如下:

第一步:任意给出两个正数;判断它们是否都是偶数。若是,用2约分;若不是,执行第二步;

第二步:以较大的数减去较小的数,接着把较小的数与所得的差比较,并以大数减小数。继续这个操作,直到所得的数与较小数相等为止,则这个数(相等的数)就是所求的最大公因数。

你知道"中国剩余定理"吗?

当被除数不满足能被整除的条件,便称为"余数问题"。"中国剩余定理"就是一个非常有意思的"余数问题"。

青岛版小学数学五年级下册第37页"你知道吗"告诉我们:

你知道吗?

《孙子算经》记载:"今有物不知其数:三三数之余二,五五数之余三,七七数之余二,问物几何?"它的意思是:有一些物品,如果3个3个地数,最后剩2个;如果5个5个地数,最后剩3个;如果7个7个地数,最后剩2个。求这些物品一共有多少?这个问题人们通常把它叫做"孙子问题",西方数学家把它称为"中国剩余定理"。

你知道怎样解答这个问题吗?

对于"中国剩余定理",《孙子算经》中给出了一个非常有效的解法:"三、三数之剩二，置一百四十；五、五数之剩三，置六十三；七、七数之剩二，置三十；并之，得二百三十三。以二百一十减之，即得。”

这些话的意思是：

先求被3除余2，并能同时被5、7整除的数，这样的数选140；

再求被5除余3，并能同时被3、7整除的数，这样的数选63；

然后求被7除余2，并能同时被3、5整除的数，这样的数选30。

将三个数合并：140+63+30=233，再用233减去210，就得到了最后的结果。

其实，满足题意的答案有很多，如：23、128、233、338、443……23是其中最小的一个。

古代数学的光辉业绩——中国剩余定理

在《孙子算经》给出“中国剩余定理”的解法之后，过了一千多年，到了16世纪，我国数学家程大位在他所著的《算法统宗》里把这个问题的解法用歌诀形式表述出来：

三人同行七十稀，五树梅花廿一枝，七子团圆正月半，除百零五便得之。

歌诀的前三句给出了三组数3、70，5、21，7、15，后一句给出了一个数105。

程大位首先把余数不同的问题统一化为余数相同的问题，即假设每次的余数都是1：

70除以3余1，除以5、7余0；21除以5余1，除以3、7余0；15除以7余1，除以3、5余0。

然后，把问题分解为三个容易解答的问题：

2×70满足原题第一个余数条件（余2），且被5、7整除；

3×21满足原题第二个余数条件（余3），且被3、7整除；

2×15满足原题第三个余数条件（余3），且被3、5整除。

三个数相加：2×70+3×21+2×15=233。233必然满足原题所有三个余数条件，但是233不一定是最小的。歌诀最后一句“除百零五便得知”，这里“除”的意思是“减”，意思是从233中减去3、5、7的最小公倍数105的倍数便得到23。这个23就是问题的最小答案。

“中国剩余定理”还提示人们，要解决较复杂的问题，最好把它分解为几个易解的子问题，或把问题各不相同的条件化成标准的条件，然后用标准的、统一的方法去处理。这是两种重要的数学思想。

在西方，直到18世纪，瑞士的欧拉与法国的拉格朗日才对同余式问题进行系统的研究。18世纪的第一年，德国的高斯在《算术探究》一书中，才提出解决这类问题的方法——剩余定理，并给出了严格证明，后人称之为“高斯定理”。

关于“中国剩余定理”类型题目的另外解法

“中国剩余定理”解决的其实就是“余数问题”，这类题目，也可以用倍数和余数的方法解决。

例1　一个数被5除余2，被6除余4，被7除余4，这个数最小是多少？

“被6除余4，被7除余4”说明余数相同，只要求出6和7的最小公倍数，再加上4，就是满足后两个条件的数了，6×7+4=46。下面，试一试46能不能满足第一个条件“被5除余2”；不行的话，再加上6和7的最小公倍数42……一直加到能满足“被5除余2”为止。本题的答案是172。具体如下：

46+42+42+42=172　　　172÷5=34……2

这是一种形式的，它的前提是条件中出现同余数的情况；如果没有同余的，可以参照下面的例2。

例2　一个班学生分组做游戏，如果每组三人就多两人，每组五人就多三人，每组七人就多四人，问这个班有多少学生？

根据条件可知，班级总人数除以3余2，除以5余3，除以7余4。在没有同余的情况，采用“逐步约束法”，就是从“除以7余4的数”中找出符合“除以5余3的数”.就是在余数4上一直加7，直到所得的数“除以5余3”。得出这个数为18。然后只要在18上一直加7和5的最小公倍数35，直到满足“除以3余2”为止。得到符合要求的数是53。过程如下：

第一步：4+7=11，11+7=18，18÷5=3……3

第二步：18+35=53，53÷3=17……2

这种方法也可以解“孙子问题”，而且它可能比“中国剩余定理”更易于理解。

韩信点兵

韩信是中国古代一位有名的大元帅。他少年时就父母双亡,生活困难,曾靠乞讨为生,还经常受到一些泼皮的欺凌。“胯下之辱”讲的就是韩信少年时被泼皮强迫从胯下钻过的事。后来他投奔刘邦,展现出杰出的军事才能,为刘邦打败楚霸王项羽立下汗马功劳,开创了刘汉皇朝四百年的基业。民间流传着一些以韩信为主角的有关聪明人的故事,韩信点兵的故事就是其中的一个。

相传有一次,韩信率领1500名将士与楚王大将李锋交战。双方大战一场,楚军不敌,败退回营。而汉军也有伤亡,只是一时还不知伤亡多少。于是,韩信整顿兵马返回大本营,准备清点人数。当行至一山坡时,忽后军来报,说有楚军骑兵追来。韩信驰上高坡观看,只见远方尘土飞扬,杀声震天。汉军本来已经十分疲惫了,这时不由得军心大乱。韩信仔细地观看敌方,发现来敌不足五百骑,便急速点兵迎敌。不一会儿,值日副官报告,共有1035人。他还不放心,决定自己亲自算一下。于是命令士兵3人一列,结果多出2人;接着,他又命令士兵5人一列,结果多出3人;再命令士兵7人一列,结果又多出2人。韩信马上向将士们宣布:值日副官计错了,我军共有1073名勇士,敌人不足五百,我们居高临下,以众击寡,一定能打败敌人。汉军本来就信服自己的统帅，这一来更相信韩信是“神仙下凡”“神机妙算”，士气大振。一时间旌旗摇动，鼓声喧天，汉军个个奋勇迎敌，楚军顿时乱作一团。交战不久，楚军大败而逃。

战事结束后，部将好奇地问韩信：“大帅是如何迅速地算出我军人马的呢？”韩信说：“我是根据编队时排尾的余数算出来的。”

这是中国古代流传于民间的一道趣味算术题，叫“韩信点兵”。它其实和“中国剩余定理”的算法是一样的。

你知道同一种球的弹性取决于什么吗?

我们知道，同一个球的弹性是一样的，而不同的球的弹性则通常是不一样的。可是，有时候我们会发现同一种类型的两个篮球，它们的弹性却也存在差异，这又是为什么呢?

苏教版小学数学五年级下册第79页“你知道吗”告诉我们：

> **你知道吗**
>
> 同一种球的弹性主要取决于球内部所受到的压力，而压力的大小与球内充进的空气多少有关。在进行正式球类比赛时，对球的弹性都有明确的规定。例如，比赛用的篮球，从 1.8 米的高度自由落下后，第一次反弹的高度应大于 1.2 米、小于 1.4 米。

看来，同一种球的弹性并不都是一样的，它还与球内充进的空气多少有关。球能反弹，正是因为它内部充了气，但是联系比赛用的篮球的弹性要求，我们可以发现，日常生活中并不是球的弹性越大越好，而是根据需要有所规定的。

大部分人都观看过或参加过球类活动，如篮球、网球、排球、曲棍球、足球、台球等。在这些球类活动中，球弹离球场地面（或板面）的性能相当重要，因此，制造商在生产这些球时必须使球的弹跳能力符合协会所制定的标准。

例如，网球的标准是当它从200厘米的高度落至一个混凝土面时，反弹的高度应在106厘米与116厘米之间。但如果从不同的高度落下，如从100厘米的高度落下，则其反弹的高度是多少？

我们可以做一个实验来测量网球从不同的高度（H）落至石板面后球反弹的高度（h），然后将结果整理成表格与图形。由下表中可以看出，反弹的高度大致是原高度的$\frac{1}{2}$。

H(cm)	h(cm)
50	23
100	61
150	77
200	97
250	126
300	146

球类制造商偶尔会制造一些高弹性的球,希望能增加其销售量。曾有一家美国公司制造了一种超高弹性高尔夫球,轻轻一挥就能打得很远,由于得分太容易而被禁止生产。澳大利亚所制造的Merco软式网球也被证明其弹性太强,而很难击出致胜的一球,导致连续对打的时间过长。

其实,球所弹到的表面种类也关系到球的反弹状况。足球运动员、板球运动员、高尔夫球运动员与曲棍球运动员都非常了解在不同的表面上球反弹的情况。一些职业足球队所用的新草坪常遭致竞争对手的大量批评,因为他们发现很难适应这种场地使球反弹的高度。一些网球球员在某种场地比赛时较容易获胜,而换个场地则不然。例如瑞典网球协会就非常通晓此道,当他们在1985年戴维斯杯网球赛上与美国队比赛时,特别建造了低速的粘土场地,从而赢得了历史性的胜利。

另外,温度在空心球的反弹方面扮演了相当重要的角色,因为其内部的空气压力会随温度而增加。在温布尔顿网球赛中,所有新的网球在比赛之前都要先收入温度控制室内,就是这个道理。而冷的软式网球几乎没办法玩,原因就在于其缺乏弹性。

台球秘笈

我们在讨论球杆的时候，经常会谈到弹性和硬度、韧性。

目前，球杆市场似乎没有一个国家标准，各个制造商都有自己的一套标准，通常是一位在台球和球杆制造方面很有造诣的人通过尝试手感来衡量好坏。而且我没有看到过任何一个球杆在出厂时会标出来，我球杆的弹性是多少多少，硬度多少多少。很少有球友了解这些词的真正含义。经常会有网友问我，是不是软的球杆就说明有弹性，或者有人问，是不是硬的球杆就说明弹性更大。

先看看这几个词的定义，弹性：物体受外力作用变形后，除去作用力时能恢复原来形状的性质。硬度：固体坚硬的程度，也就是固体对磨损和外力所能引起的形变的抵抗能力的大小。韧性：物体受外力作用时，产生变形而不易折断的性质。我们举几个例子来说明一下问题。

橡皮筋很软，但是弹性却非常好，而橡皮泥也很软，基本没有弹性。所以软不代表有弹性。橡皮不代表弹性，筋儿代表有弹性，泥代表没有弹性。台球，比球杆硬，但是台球扔在水泥地上，能弹起来很高，球杆却不能。铁球也很硬，扔地上，弹不起来多高。所以，弹性和硬度并没有直接的关系。铁丝，很软，也没有弹性，但是它韧性比

树枝强。

对一物体施加外力，物体没断，说明此物有韧性，撤销外力，物体恢复原状，说明有弹性，物体没有恢复原状，说明没有弹性。对物体施加一个较大的力，仍然基本保持原状，说明有硬度。

对于球杆来讲，握住球杆尾部，用拳头敲打球杆，球杆产生振动，振动就是由弹性引起。同样的力，振动的幅度越大，说明越软。振动持续的时间越长说明弹性越好。使劲掰，还没断，说明韧性好，如果松手，发现球杆弯了，那说明已经超出球杆的弹性范围，它可以去烧火了。开个玩笑，千万不要用力掰球杆。究竟硬度、弹性和韧性对于球杆的性能有何影响，或者适合于那种风格的球手。我还是没有足够的经验和研究，不敢乱说。我只是告诉大家如何体会弹性、硬度和韧性，大家可以自己摸索适合自己的球杆。

你知道生活中的圆吗?

在大自然中,在我们平时的日常生活中,有许多的物体都和圆有着密切的关系。

苏教版小学数学五年级下册第87页“你知道吗”告诉我们:

你知道吗

你注意过这样的自然现象吗?

你欣赏过这样的建筑物或工艺品吗?

你见到过类似的运动吗?

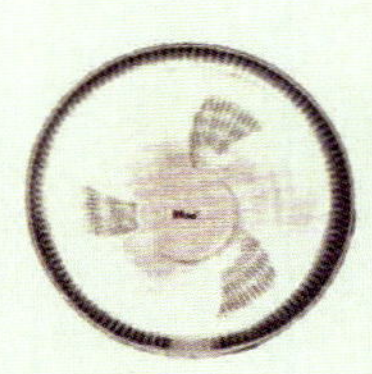

圆形在我们的生活中随处可见。古希腊的一位数学家曾经说过，在一切平面图形中，圆是最美的。

大自然中很多事物的面都是圆形或近似圆形的。比如王莲的叶子,王莲叶片巨大,最大的直径在两米以上,且叶缘直立(叶缘一般向上折起7厘米至10厘米),形似小木盆,非常奇特。正常情况下,王莲的叶子能承重20~30公斤。牵牛花、水波纹,可以看成是近似于圆形的。人们在运动的过程中也有意或无意地创造了很多圆。圆让我们的生活充满了美与精彩。

我们周围很多东西的平面轮廓都是圆形的,如车轮、马路上的大多数井盖,这是为什么呢?

圆形的车轮,车轴安在圆心上(如图29),当车轮在地面滚动的时候,车轴与地面的距离,总是等于车轮半径。因此,车子平衡地向前走。试想一下,如果车轮是正方形的,为了保持车辆的平稳行驶,道路应该是什么样子的呢?井盖平面轮廓采用圆形的一个原因是圆形井盖怎么放都不会掉到井里，并且能恰好盖住井口（如图30），这里利用了同一圆的直径都相等的性质。

图29

图30

在大自然中，绝大多数植物的根茎的横切面都是圆形的，这又是为什么呢？

世界上所有的生物为了生存，总是朝着对环境最有适应性的方面发展，植物也不例外。植物的茎呈圆柱形（圆锥形）也是自身生长繁衍的需要。周长相同时，圆的面积比其他任何形状都要大。因此，圆形树干、树枝、植物茎中的导管和筛管的分布数量要比其他形状的多得多，这样，圆形植物茎输送水分和养料的能力就要大，更有利于植物的生长。另外，圆柱形的体积也比其他柱形的体积大，从而具有很大的支撑力。植物茎的横截面呈圆形，可以减少损伤，具有更强的机械强度，能经受住暴风雨的袭击。同时，圆形植物茎各处的弯曲程度相似，不管风力来自哪个方向，它承受的阻力大小相似，因而不易受到破坏。还有，圆形植物茎比较柔软，可以随风摇动，不容易折断。

奇妙的圆形

圆形是一个看来简单,实际上很奇妙的图形。

古代人最早是从太阳,从阴历十五的月亮得到圆的概念的。时至今日,我们还用日、月来形容一些圆的东西,如月门、月琴、日月贝、太阳珊瑚,等等。

是谁第一个做圆的呢?

十几万年前的古人制作的石球已经相当圆了。

一万八千年前的山顶洞人曾经在兽牙、砾石和石珠上钻孔,那些孔有的就很圆。山顶洞人是用一种尖状器转着钻孔的,一面钻不透,再从另一面钻。石器的尖是圆心,它的宽度的一半就是半径,一圈圈地转,就可以钻出一个圆的孔。

到了陶器时代,许多陶器都是圆的。圆的陶器是将泥土放在一个转盘上制成的。

当人们开始纺线,又制作出了圆形的石纺锤或陶纺锤。

6000年前的半坡人(在西安)会建造圆形的房子,面积有十多平方米。

古代人还发现圆的木头滚着走比较省劲。后来他们在搬运重物的时候,就把几段圆木垫在大树、大石头下面滚着走,这样当然比扛着走省劲得多。当然了,因为圆木不是固定在重物下面的,走一段,还得把后面滚出来的圆木滚到前面去,垫在重物前面部分的下方。

大约在6000年前，美索不达米亚人，做出了世界上第一个轮子——圆的木盘。

大约在4000多年前，人们将圆的木盘固定在木架下，这就成了最初的车子。因为轮子的圆心是固定在一根轴上的，而圆心到圆周总是等长的，所以只要道路平坦，车子就可以平衡地前进了。

会做圆，但不一定就懂得圆的性质。古代埃及人就认为：圆，是神赐给人的神圣图形。一直到两千多年前我国的墨子（约公元前468~前376年）才给圆下了一个定义：“一中同长也。”意思是说：圆有一个圆心，圆心到圆周的长都相等。这个定义比希腊数学家欧几里得（约公元前330~前275年）给圆下定义要早一百年。

你知道圆周率的历史吗？

在计算圆的周长公式中，有一个固定的数——圆周率。圆周率是怎样一步步被人们发现的呢？在圆周率的研究历史中，人们又经历怎样的困难呢？

苏教版小学数学五年级下册第95页“你知道吗”告诉我们：

你知道吗

人类对圆周率的研究历史非常久远。在古代，人们大都认为圆的周长是直径的3倍，我国古代的数学著作《周髀算经》中就有“周三径一”的记载。

古希腊数学家阿基米德发现，当正多边形的边数增加时，它的形状就越来越接近圆。他依据这个想法求出圆周率介于$\frac{223}{71}$和$\frac{22}{7}$之间。

我国魏晋时期数学家刘徽采用“割圆术”来求圆的周长的近似值。他从圆的内接正六边形算起，逐渐把边数加倍，正十二边形，正二十四边形……求得圆周率的近似值是3.14。

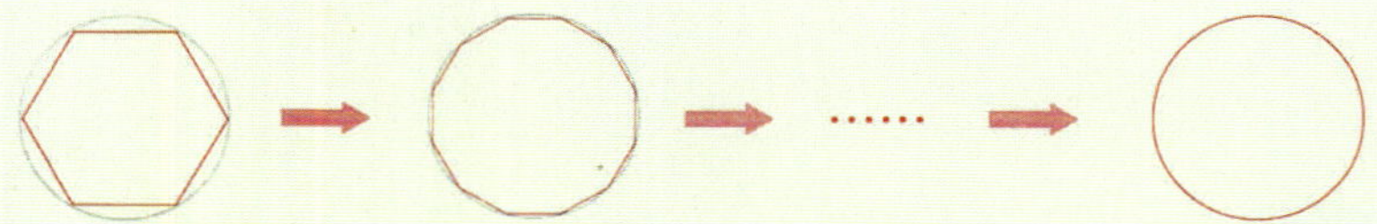

大约 1500 年前，我国南北朝科学家祖冲之使用刘徽的方法算出圆周率 π 大约在 3.1415926 和 3.1415927 之间，成为世界上第一个把圆周率的值精确到小数点后 7 位的人。他还发现一个与 π 值非常接近的分数 $\frac{355}{113}$（约等于 3.1415929），这一研究成果比国外数学家早了 1000 多年。

随着数学的发展，特别是计算机的问世，圆周率的精确度被算得越来越高。现在，人们已经能够把圆周率精确到小数点后数万亿位。

从这段文字中可以知道，通过动手测量发现圆的周长差不多是直径的三倍多一点，但具体精确的值到底是多少，古今中外很多伟大的数学家花费了大量的时间和精力进行研究，取得了很多了不起的成就。下面我们来更完整地了解一下圆周率的发展历史。

圆周率的发展历史

圆周率是圆的灵魂，是圆的化身，可是这位仙子却迟迟不肯揭开她那神秘的面纱。人们对圆周率的认识经历了漫长的历史岁月，许多数学家为此献出了毕生的精力。现在，就让我们穿过时间隧道，与这些伟大的数学家作一次亲密接触吧！

早在三千多年以前的周朝，我们的祖先就从实践中认识到圆的周长大约是直径的3倍。在距今2000多年前的西汉初年，在我国最古老的数学著作《周髀算经》里就有了“周三径一”的记载。

随着生产的发展和文明的进步，对圆周率精确度的要求越来越高。西汉末年，数学家刘歆提出把圆周率定为3.1547。到了东汉，张衡——就是那位发明候风地动仪的天文学家，建议把圆周率定为3.1622。但是，这两种建议都因为缺乏科学依据而很少有人采用。一直到了公元263年，三国时期魏国的刘徽创立了割圆术，才使圆周率的计算走上了科学的道路。

又过了大约200年，到了南北朝的时候，我国出了一位大数学家，也是天文历算学家——祖冲之。公元460年，他采用刘徽的割圆术，一直算到圆的内接12288边形，推算出圆周率应该在3.1415926到3.1415927之间。祖冲之对圆周率的计算，开创了一项世界纪录，比欧洲早了一千多年。国际上为了纪念这位伟大的中国数学家，把3.1415926称为“祖率”，并把月球上的一座环形山命名为“祖冲之山”。这是我们中华民族的骄傲。

在古希腊，人们也是把圆周率取为3。在古埃及的纸草书(以草为纸写的书)中，有一道计算圆形土地面积的题目，所用的方法是：圆的面积等于直径减去直径的$\frac{1}{9}$，然后再平方。如果我们假设半径为1，直径就是2，圆的面积就是2÷9×8再平方，约等于3.16，也就是说圆周率约等于3.16。1593年，荷兰数学家罗梅，用割圆术把圆周率算到了小数点后15位——虽然打破了祖冲之的纪录，但是已时隔1133年。1610年，德国数学家卢道夫，用割圆术使圆周率精确到小数点后第35位——这几乎耗费了他一生的大部分心血。

1737年，经过瑞士大数学家欧拉的倡导，人们开始广泛地使用希腊字母π表示圆周率。

1761年，德国数学家兰伯特证明了π是一个无限不循环小数。

1873年，英国的向克斯用了20年的精力，把π值计算到小数点后707位。可惜后来有人用电脑证明，向克斯的计算结果，在小数点后第528位上发生了错误，以致后面的179位毫无意义。一个数字之差使向克斯白白耗费了十多年的精力！他的失误警示人们，科学上容不得半点疏忽。这个教训值得我们永远记取。

随着电脑的不断升级换代，π值的计算不断向前推进，早在20世纪80年代末，日本人金田正康已将π值算到了小数点后133554000位。当代，π值的计算已经成为评价电子计算机性能的指标之一。

在相当长的一段历史时期内，人们往往用圆周率的精确程度，作为衡量一个国家、一个民族数学发展水平的标志。刘徽、祖冲之、卢道夫……这些光辉的名字永远是鼓舞全人类前进的榜样。

巧背圆周率

从前有一座山，山上有一座寺庙，庙里有一个和尚，和尚名叫尔乐，是个教书先生。和尚酷爱喝酒。有一天，和尚要下山，但是他怕孩子们偷懒不学习，就给了他们一个任务：

背熟圆周率小数点后22位数字。

小孩子们说："苦杀吾也！"

和尚忘记带他的酒瓶下山了，于是，孩子们干脆把和尚的酒偷来喝个精光，让他回来的时候没酒喝，气死他！

谁知和尚回来后不但没有被气死，反而乐翻了天，因为孩子们编出了这样一个顺口溜来帮助记忆π：

π=3.1415926535897932384626……

山巅一寺一壶酒（3.14159），儿乐（26），我三壶不够吃（535897），

酒杀尔（932）！杀不死（384），乐而乐（626），

死了算罢了（43383），儿弃沟（279）。

接着，设想"死"者父亲得知儿"死"后的心情：

吾疼儿（502），白白死已够凄矣（8841971），

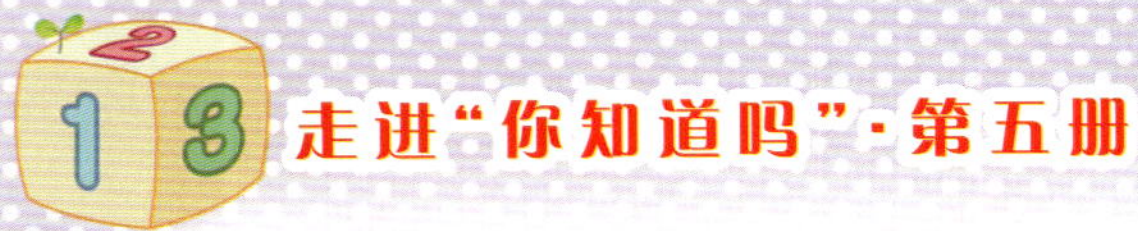

留给山沟沟(69399)。

再设想“死”者父亲到山沟寻找儿子的情景：

山拐我腰痛(37510)，我怕你冻久(58209)，凄事久思思(74944)。

然后设想父亲在山沟里把儿子找到，并把他救活，儿子迷途知返的情景：

吾救儿(592)，山洞拐(307)，不宜留(816)。

四邻乐(406)，儿不乐(286)，儿疼爸久久(20899)。

爸乐儿不懂(86280)。三思吧(348)儿悟(25)。

三思而依依(34211)，妻等乐其久(70679)。

这样背诵圆周率是不是相当有趣呢？

你知道什么是"前伸数"吗?

有些跑步比赛中,运动员起跑时并不在同一条起跑线上,站在外圈的运动员总是比站在内圈的运动员靠前一些。这是为什么呢?

请看下面这段介绍:

在田径场上进行 200 米或 400 米赛跑时,参加比赛的运动员起跑时并不在同一条起跑线上,站在外圈的运动员总是比站在里圈的运动员靠前一些。这是为什么呢?

200 米赛跑要经过一个半圆形弯道(如右图)。如果起跑线在同一条直径上,外面的弯道要比里面的弯道长一些。跑道宽 1.2 米,也就是外面每一圈圆的半径都要比里面一圈圆的半径多 1.2 米,弯道的长就要多 $2 \times 3.14 \times 1.2 \div 2 \approx 3.77$(米)。所以从第 2 条跑道开始,每条跑道的起跑线都要比它里面的一条跑道向前移 3.77 米。

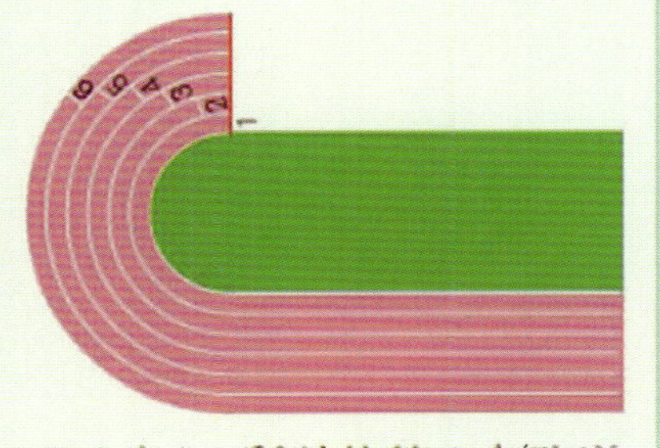

人们通常把这个起跑时前移的米数叫作“前伸数”。前伸数其实是由于弯道半径的增大而产生的。在200米、400米赛跑中，每条跑道的起点“前伸数”的计算方法，就是用各外道弯道的长度减去最内侧弯道的长度。因此，只需知道内外弯道的半径或者跑道宽度的话，就可以进行计算了。当然，由于各种径赛的规则不同，赛道的“前伸数”也会有一些相应的变化。

跑道的基本常识

田径比赛中通常都使用周长是400米的标准塑胶跑道。《国际田联手册》规定标准半圆式田径场跑道全长为400米，由两个直道和两个弯道组成（如图31）。

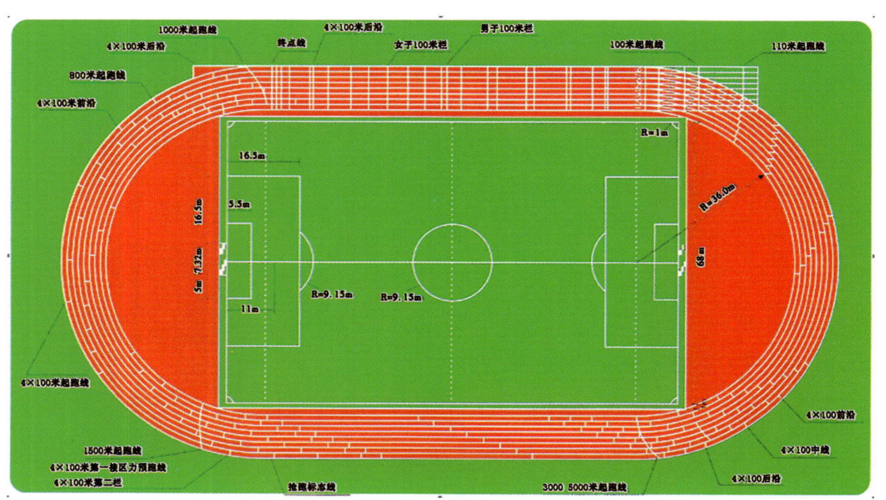

图31

（一）目前国际国内田径场常用规格

1. 内沿半径为36米的田径场。

一分道计算半径为36.30米，一分道一个弯道计算线长114.04米，两个弯道计算线长为228.08米。一个直段长为85.96米，两个直段长为171.92米，一分道一圈计算线长度为400米。如北京工人体育场、辽宁鞍山市体育场、上海沪南体育场等。

2. 内沿设计半径为37.898米的田径场。

一分道计算半径为38.198米，一分道一个弯道计算线长为120米，两个弯道计算线长240米。一个直段为80米，两个直段长为160米，一分道一圈计算线长度为400米。如北京国家奥林匹克体育中心田径场、沈阳市体育中心田径场、第24届奥运会韩国汉城田径场等。

3. 内沿设计半径为36.50米的田径场。

一分道计算半径为36.80米，一分道一个弯道计算线长为115.61米，两个弯道计算线长231.22米。一个直段为84.39米，两个直段长为168.78米，一分道一圈计算线长度为400米。如大连市体育场、广州奥林匹克田径场、长沙市贺龙体育场、23届奥运会美国洛杉矶田径场等。

（二）径赛跑道的宽度

径赛跑道宽9.76~10.00米（八条分道）或7.32~7.50米（六条分道），每条分道宽1.22~1.25米（包括右侧分道线），分道线宽5厘米（所有分道线宽应相同）。除草地跑道外，跑道内侧应用合适材料制成的突沿加以分界，突沿高约5厘米，最小宽度5厘米；如能排水，突沿最高可达6.5厘米（但不得超过）；如无突沿，则需画5厘米宽的标志线。

（三）创纪录的跑道

规则规定，创纪录的跑道，其外道的半径不得超过50米。除非该场地曲段的两个半径中的大半径所构成的弧，在180°的弯道不超过60°。

（四）跑道的倾斜度

跑道的左右倾斜度最大不得超过百分之一（1∶100），向跑进方向总的倾斜度不得超过千分之一（1∶1000），新建跑道的侧向倾斜应向里倾斜（里低外高）。

（五）障碍赛跑道

障碍跑水池段在跑道内突沿内侧（半径36米、36.50米）或跑道外突沿外侧（半径37.898米、36.50米）均可。最好设在跑道外突沿外侧（占地面积较大）。

（六）田径场的纵轴线

田径场的纵轴线（即中线）应为南北方向，并避开主导风向，与子午线夹角不应大于5~10度，终点向前应有一定的缓冲区域。

不同的前伸数

（一）前伸数的种类

1. 起点前伸数。

在200m，400m，800m，4×100m，4×200m，4×400m等项目中，为了使各分道运动员所跑的距离相等，第一道以外各道起点前移的距离叫起点前伸数。

2. 接力区前伸数。

在4×100m，4×200m，4×400m接力项目中，第一道以外各道接力区各点前移的距离叫接力区前伸数。

（二）前伸数的计算

1. 起点前伸数。

常见的起点前伸数主要用于200米、400米和800米赛跑中。其中200米和400米赛跑采用的是分道跑（即各自在自己的跑道内完成比赛），计算方法主要有两种：

（1）求差法：Ln=Cn−C_1（Ln代表第n道的起点前伸数，Cn代表n道的周长，C_1代表第一道的周长）。

（2）公式法：Ln=Mπ[（n−1）d−0.1]（Ln代表第n道的起点前伸数，m代表弯道数，n代表道次，d代表分道宽）。

另外，因为800米赛跑时，要求每个运动员分道跑完一个弯道以后就不分道了，所以各道起跑线等于一个弯道的前伸数（即200米赛跑起跑线的前伸数）加上各道的切入差（有的径赛项目，要求运动员先分道跑，跑完一定距离到抢道标志线后，再采用不分道跑。这样，外道运动员向里道切入时就要比第一分道运动员多跑一点距离，这段距离就叫切入差，如图32）。

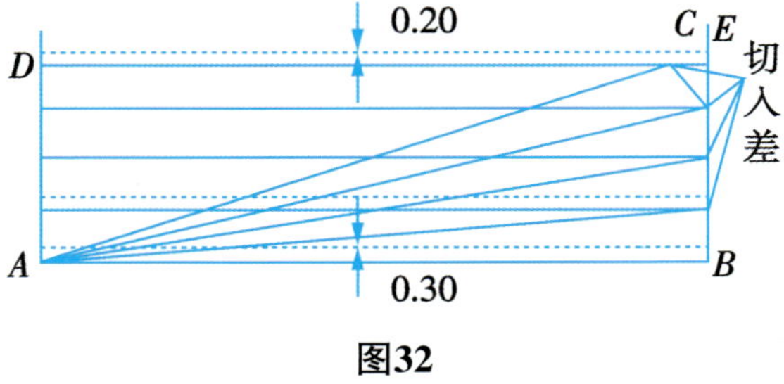

图32

下表是分道宽1.22米和1.25米的400米标准塑胶跑道田径场800米赛跑的起跑线前伸数对照表。

单位:米

前伸数 道次 / 分道宽	一	二	三	四	五	六	七	八
1.22 米	0	3.53	7.38	11.25	15.15	19.06	22.99	26.9
1.25 米	0	3.62	7.57	11.55	15.53	19.54	23.57	27.6

2. 接力区前伸数。

接力区的前伸数与上面所说的略有不同，以4×400m比赛为例，接力队员第一棒全程及第二棒的第一弯道是分道跑，从第二棒运动员跑至抢道线后方可自由抢道，所以接力区前伸数的计算方法会有所不同：$Ln=3\pi[(n-1)d-0.1]$+切入差（Ln代表第n道的起点前伸数，n代表道次，d代表分道宽）。

（三）长跑比赛没有前伸数

由于径赛中的1500米、3000米、5000米等长跑项目是不分道跑的，所以起跑时，为了使所有运动员在到达终点时所跑的距离相等，起跑线会画成一条弧线，当然也就不需要考虑前伸数了。

地球加箍

地球的环境日益恶化。地球大吼："我受不了啦，我快要爆裂啦！"玉皇大帝听到

后很着急，心想：要是地球真的爆裂了，那全部生灵就会被毁灭。于是，他命人沿地球的赤道加一道铁箍，以防地球爆裂。可是地球却直喊：“太紧了，我喘不过气。”玉皇大帝又下令把铁箍松了一下，使它处处离赤道1厘米。可是松一下，原先的铁箍就不够长了，需要再加一段。究竟需要加多长的一段铁箍呢？众仙你看我、我看你，没了主意。最后，还是太白金星帮地球解了圈。

其实，这个问题和前伸数的原理是一样的。赤道的一周可以看成一个圆形，画出图33，我们就能理解了。

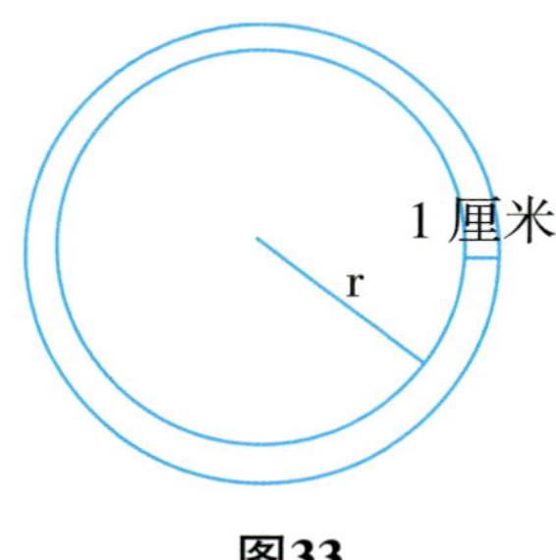

图33

实际上，铁箍需要加的长度就是用外圆的周长减去内圆的周长：

$$C=C_{外}-C_{内}$$
$$=2\pi(r+1)-2\pi r$$
$$=2\pi$$

也就是说，铁箍只要增加约6.287厘米就行了。